JN158424

迷わず進める

InDesignの道しるべ

BNN
Bug News Network

InDesignでできること

制作から入稿までの管理がまとめてできる

ページ数の多いデータでも動作が軽い

オブジェクトや書体の検索機能が充実

データが予期せず終了しても自動復元される

電子出版物も簡単につれれる

“表”のデザインをより簡単に行える

レイアウトの作業効率が
アップする便利な機能を搭載!

たくさんのページを
一括管理できる!

高度なチェックツールで
入稿のトラブルを
未然に防げる

細かい設定で
文字組みが
美しい!

繰り返される設定が楽に行える

オフィススイートとの連携も抜群!

はじめに

InDesignは、制作から入稿までの全作業が行える便利なアプリケーションです。「IllustratorやPhotoshopは使えるけどInDesignは使ったことがない」「興味はあるけど難しそう」……そのような方のために、すぐに使えるたくさんのテクニックを一冊にまとめました。

PART 1では

最初にマスターしたいInDesignの基本操作を解説しています。

PART 2では

デザイナーによる現場のノウハウを作例を使って実践的に解説します。

PART 3では

入稿データをつくる際のポイントや注意点を解説します。

是非、さまざまなデザインの現場でご活用ください。

CONTENTS

▷ ▷ ▷ PART 2 ケーススタディ

▷ ▷ ▷ PART 3 入稿する前に

ダウンロードコンテンツについて

PART2で使われたサンプルデザインの一部をダウンロードいただけます。

▶素材データのダウンロード

下記URLよりダウンロードいただけます。

http://www.bnn.co.jp/dl/indesign/

＊お使いのインターネット回線によってはダウンロードに時間がかかる場合があります。
＊ファイルはZIP形式で圧縮されています。読者ご自身で展開してご利用ください。

▶ご使用についての注意

素材データに写真は含まれておりません。テンプレートデザインとしてお使いください。ただし、複製販売、転載など営利目的の使用、また、非営利での配布は、固く禁じます。なお、提供ファイルについて、一般的な環境においては問題がないことを確認しておりますが、万一障害が発生し、その結果いかなる損害が生じた場合でも、小社および著者はなんら責任を負いません。また、生じた損害に対する一切の保証をいたしません。必ずご自身の判断と責任においてご利用ください。以上のことをご了承の上ご利用ください。

▶設定情報の確認

素材ファイルでは、[段落スタイル]や[効果]などの設定情報を確認できます。

[効果]パネルの例

任意のオブジェクトを選択し、[効果]パネル右下の**fx アイコン**から[効果]の種類を選ぶと、設定を確認できます。

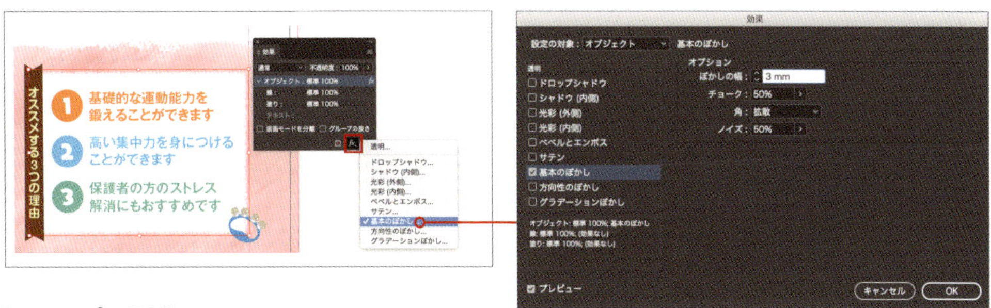

▶サンプル画像について

本書の作成には、フリー素材として配布された写真を使用しています。サンプル画像と同じものをご利用になる場合は、読者ご自身で各配布サービスの利用規約に同意頂き、ファイルを入手していただく必要があります。なお、配布元および画像の権利者の都合で、ファイルが削除されることもあります。あらかじめご了承いただいた上で、本書をご利用ください。

Pexels http://www.pexels.com　　**イラストAC** https://www.ac-illust.com

本書の使い方

本書では、InDesignに関するさまざまな知識について解説しています。
各PARTを読み進めていくことで、基本操作から
実際の制作の流れまでを全て学べるようになっています。

PART1の読み方

PART1では、InDesignの知識や
操作方法をテーマ別に分けて解説しています。

テーマ名

LESSON

InDesignの操作方法を手順に沿って詳しく解説しています。

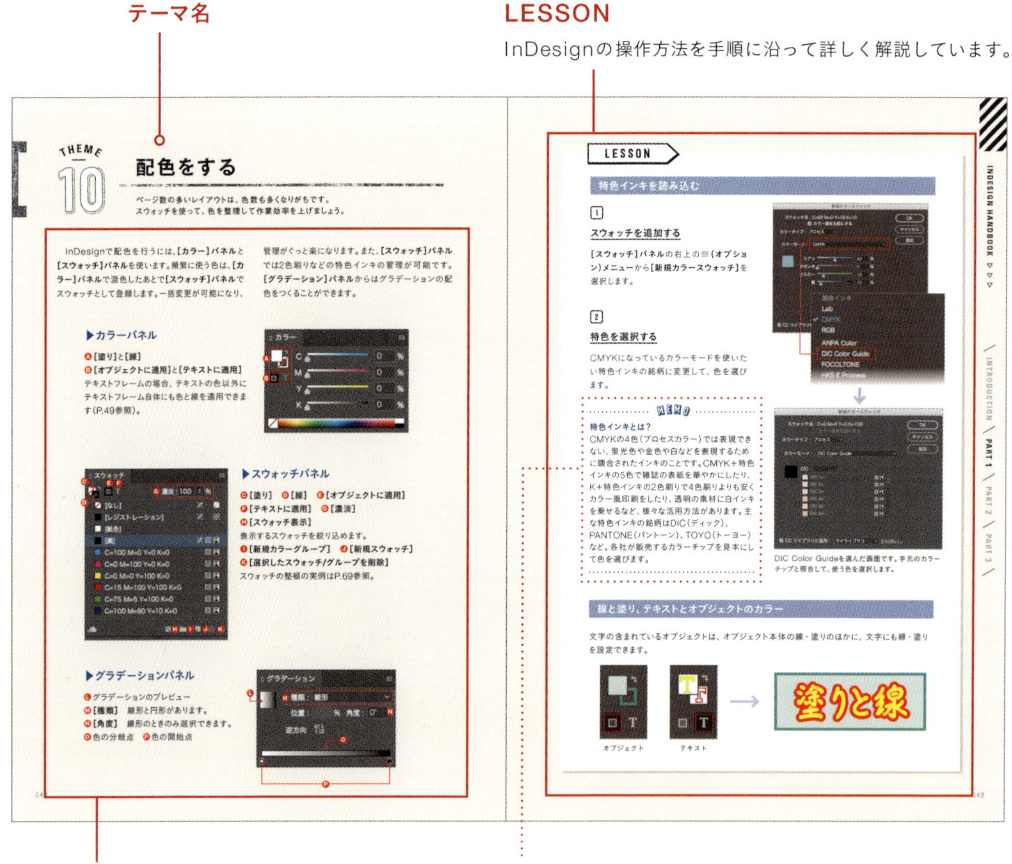
THEME 10

配色をする

ページ数の多いレイアウトは、色数も多くなりがちです。
スウォッチを使って、色を整理して作業効率を上げましょう。

InDesignで配色を行うには、[カラー]パネルと[スウォッチ]パネルを使います。頻繁に使う色は、[カラー]パネルで混色したあとで[スウォッチ]パネルでスウォッチとして登録します。一括変更が可能になり、管理がぐっと楽になります。また、[スウォッチ]パネルでは2色刷りなどの特色インキの管理が可能です。[グラデーション]パネルからはグラデーションの配色をつくることができます。

▶カラーパネル

Ⓐ[塗り]と[線]
Ⓑ[オブジェクトに適用]と[テキストに適用]
テキストフレームの場合、テキストの色以外にテキストフレーム自体にも色と線を適用できます(P.49参照)。

▶スウォッチパネル

Ⓒ[塗り] Ⓓ[線] Ⓔ[オブジェクトに適用]
Ⓕ[テキストに適用] Ⓖ[濃淡]
Ⓗ[スウォッチ表示]
表示するスウォッチを絞り込めます。
Ⓘ[新規カラーグループ] Ⓙ[新規スウォッチ]
Ⓚ[選択したスウォッチ/グループを削除]
スウォッチの整頓の実例はP.69参照。

▶グラデーションパネル

Ⓛグラデーションのプレビュー
Ⓜ[種類] 線形と円形があります。
Ⓝ[角度] 線形のときのみ選択できます。
Ⓞ色の分岐点 Ⓟ色の開始点

LESSON

特色インキを読み込む

1 スウォッチを追加する

[スウォッチ]パネルの右上の≡(オプション)メニューから[新規カラースウォッチ]を選択します。

2 特色を選択する

CMYKになっているカラーモードを使いたい特色インキの銘柄に変更して、色を選びます。

MEMO

特色インキとは?

CMYKの4色(プロセスカラー)では表現できない、蛍光色や金色や白などを表現するために調合されたインキのことです。CMYK+特色インキの5色で雑誌の表紙を華やかにしたり、K+特色インキの2色刷りで4色刷りよりも安くカラー風印刷をしたり、透明の素材に白インキを乗せるなど、様々な活用方法があります。主な特色インキの銘柄はDIC(ディック)、PANTONE(パントーン)、TOYO(トーヨー)など。各社が販売するカラーチップを見本にして色を選びます。

DIC Color Guideを選んだ画面です。手元のカラーチップと照合して、使う色を選択します。

線と塗り、テキストとオブジェクトのカラー

文字の含まれているオブジェクトは、オブジェクト本体の線・塗りのほかに、文字にも線・塗りを設定できます。

オブジェクト テキスト 塗りと線

テーマに関連するデザインの基礎知識を解説するページです。

MEMO

知っておくと役に立つ、"プラスα"の知識をまとめています。

使用ソフトの対応バージョンについて

本書の操作解説部分は、Adobe InDesign CC 2017/2018を基に制作しています。掲載画面はMac版のCC 2017を使用しています。CS6以前には搭載されていない機能を利用する場合もあります。あらかじめご了承ください。
本書掲載のInDesignの画面は、初期設定でキャプチャーしたものを使用しています。

PART2の読み方

PART2では、実践的なサンプルデザインの
つくり方を解説しています。

デザインテーマ名

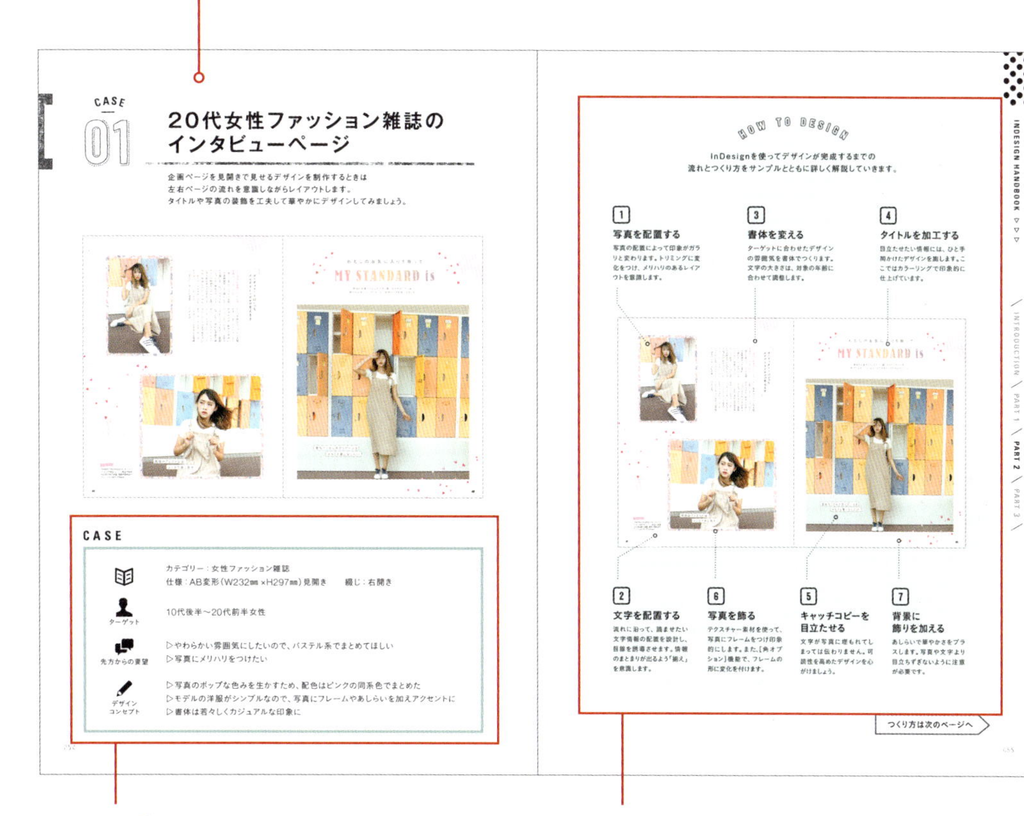

CASE 01
20代女性ファッション雑誌の
インタビューページ
企画ページを見開きで見せるデザインを制作するときは
左右ページの流れを意識しながらレイアウトします。
タイトルや写真の装飾を工夫して華やかにデザインしてみましょう。
MY STANDARD is
CASE
カテゴリー：女性ファッション雑誌
仕様：AB変形(W232㎜×H297㎜)見開き　綴じ：右開き
ターゲット
10代後半～20代前半女性
先方からの要望
▷やわらかい雰囲気にしたいので、パステル系でまとめてほしい
▷写真にメリハリをつけたい
デザインコンセプト
▷写真のポップな色みを生かすため、配色はピンクの同系色でまとめた
▷モデルの洋服がシンプルなので、写真にフレームやあしらいを加えアクセントに
▷書体は若々しくカジュアルな印象に
HOW TO DESIGN
InDesignを使ってデザインが完成するまでの
流れとつくり方をサンプルとともに詳しく解説していきます。
1 写真を配置する
3 書体を変える
4 タイトルを加工する
2 文字を配置する
6 写真を飾る
5 キャッチコピーを目立たせる
7 背景に飾りを加える
つくり方は次のページへ
INDESIGN HANDBOOK
INTRODUCTION
PART 1
PART 2
PART 3

サンプルの制作情報

サンプルの仕様や、デザインについての
情報をまとめています。

デザインテーマのつくり方ダイジェスト版

それぞれの手順の詳しい解説は、後に続くページで
InDesignのキャプチャーとともに記載されています。

キートップ表記について

Mac版の表記を優先して掲載しています。option キー（Alt）+ドラッグの場合、丸カッコ( )内のキーがWindowsのキーとなります。なお、delete／Delete、shift／Shift、tab／Tabなど、共通のキートップについては、大文字小文字の表記はMac版に準じています。

INTRODUCTION

デザインを始める前に

ツールを使いこなすためには、デザインの基本的なルールを理解しておくことが大切です。
まず、覚えておきたいデザイン制作の流れを紹介します。

意図と目的を明確にする

画像データや入稿作業を一括管理にできるInDesignはとても便利なアプリケーションで、ページ数の多いレイアウトで特に力を発揮します。InDesignの使い方をマスターすれば、デザインの幅も広がります。とはいえ、デザインの基本的な目的をきちんと理解していないと伝わるものはつくれません。InDesignでデザインを始める前に、覚えておきたい制作の流れや基本ルール、注意点などを押さえておきましょう。

STEP1.受ける

デザイン作業は、まずクライアントに対するヒアリングから始めます。ターゲット、目的、制作物の体裁などをすり合わせます。デザインの完成イメージを全員で共有します。

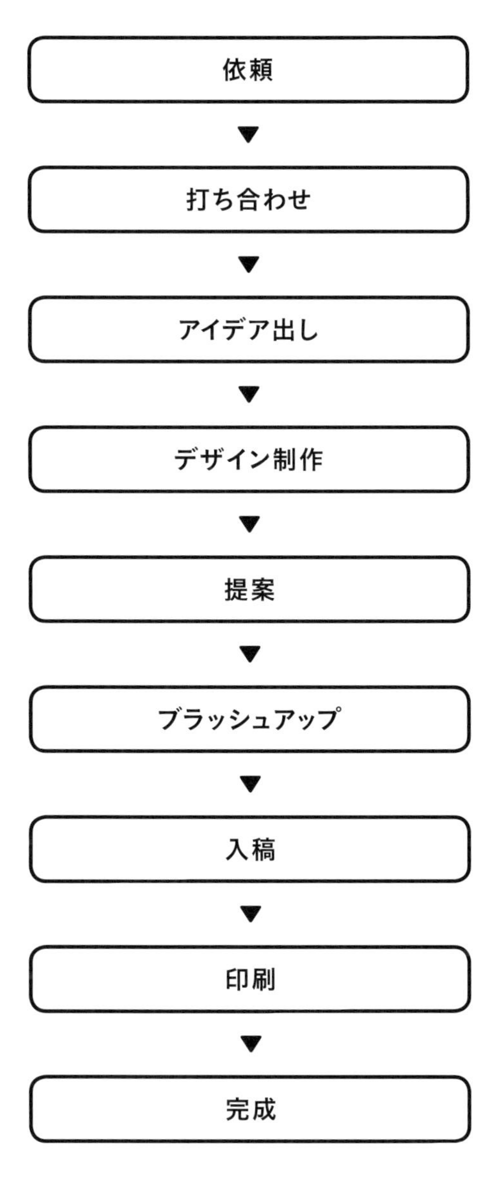

スケジュールと予算

いつまでに納品すべきか把握する必要があります。媒体の発行日など、大事な情報をあらかじめ確認します。印刷にかかる期間を確認し、入稿日を定めましょう。また、印刷の加工や仕様は予算によって変わってきます。こちらも合わせて確認しましょう。

支給素材を確認する

デザインに必要な素材(写真やロゴなど)は、クライアントから支給されることがあります。事前に問い合わせましょう。素材を受け取ったら、データを実際に開き、写真のサイズが足りているかなどを確認します。ロゴデータの場合は、使用ルールに関する資料も取り寄せましょう。

素材を集める

あらかじめ用意された素材がない場合は、フォトストックサイトや素材集から商用可能なものを探してみてもいいでしょう。フォントも無料配布のサイトが多数あるので、チェックしてみるといいでしょう。

STEP2.進める

ヒアリングした情報を基に、アイデア出しを行います。全体のコンセプトが決まったら、ラフスケッチを描いてイメージを膨らましましょう。デザインとイメージが食い違わないようにするには、データに起こす前段階からラフを共有しておくといいでしょう。デザインの方向性をしっかり固めてから、InDesignを使ってデザインしていきましょう。

情報整理

▼

構成の設計

▼

要素の配置(レイアウト)

▼

重要度の強弱

▼

配色

▼

書体選び

▼

飾りつけ

アイデア出し

ひとつの主題から具体化されたアイデアを広げていく「マインドマップ」という手法が効果的です。主題に関連するキーワードを次々と書き出すことで、頭の中の情報を整理できます。

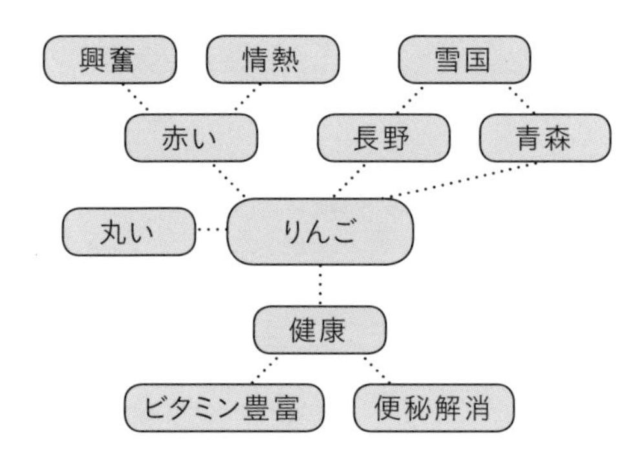

「5W1H」の法則

「5W1H」の手法を使って情報を整理ましょう。目的が明確になり、デザインの方向性も定まってきます。

いつ(When)	掲載時期は?
どこで(Where)	掲載場所は?
誰が(Who)	ターゲットは?
何を(What)	何の企画?
なぜ(Why)	目的は?
どのように(How)	どのような手法?

STEP3.仕上げる

クライアントにデザイン案を提出します。わかりにくい箇所がないように修正を重ね全体のバランスを整えます。誤字脱字やデータの不備にも気をつけます。デザインが完成したら、印刷用の入稿データをつくります。入稿する前に、プリンターで出力したり、高品質のPDFに書き出したりして仕上がりを目で確認しましょう。

文字校正

入稿データチェック

入稿

色校正

▼

完成

＼完成!!／

色校正について

色校正は、印刷物の試し刷りのことで、主に仕上がりを確認するために使われます。色味や加工がイメージ通りに表現されているか、写真がきれいに再現されているかをチェックします。

見本帳について

印刷の紙を指定できる場合があります。そのようなときは、専門店から見本帳を購入してあらかじめ実物を確認します。手触りや発色、耐久性を考慮して指定しましょう。また、紙の見本帳以外に色の見本帳も必要です。プリンターやモニターだけでは、仕上がりの色味が正確に判断できない場合があります。そのようなときは色の見本帳を活用しましょう。合わせて色見本帳で確認しましょう。

加工について

よりこだわった仕上がりを求め、特殊な加工を施す場合もあります。ただし、通常に比べコストや時間がかかるため注意が必要です。事前にスケジュールを調整しましょう。

デザインの基本ルール

必ず押さえておきたいデザインの基本を覚えましょう。

色のしくみ

配色はデザイン全体の印象を左右する重要なポイントです。目立たせたり、イメージを伝えたりする上で、さまざまな効果を発揮します。色は3つの属性から成り立っていますが、印刷では4色のインキが使われます。色のしくみを理解して適切なカラーモードを使い分けましょう。

RGB

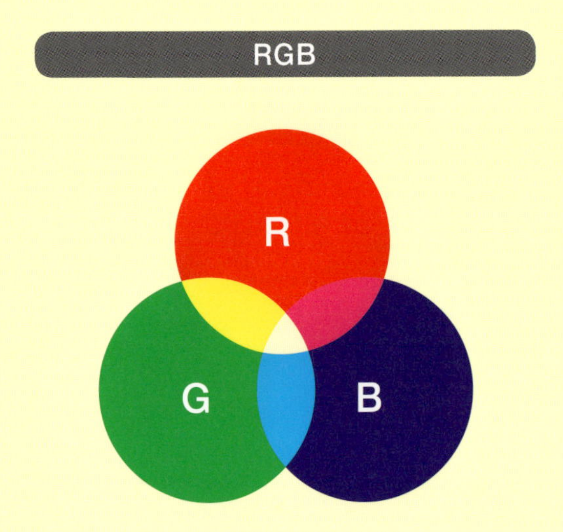

RGBは光の三原色と呼ばれR(赤)、G(緑)、B(青)の3色の光から色がつくられます。3色全てが混ざると白になります。テレビやパソコンのモニターを表示する色です。

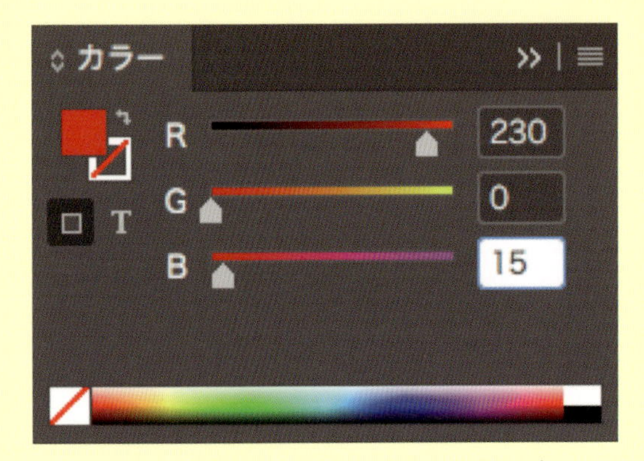

各色の最大値は255です。RGBすべて255にすると白に、すべて0にすると黒になります。

CMYK

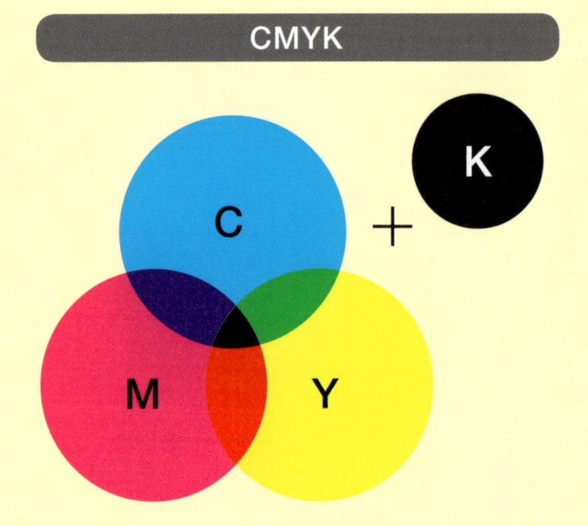

印刷物は、C(シアン)、M(マゼンタ)、Y(イエロー)+K(ブラック)の4色のインキの色で表現されます。CMYの3色を掛け合わせると黒に近づきますが、真っ黒にはならないため、さらに黒インキを使います。

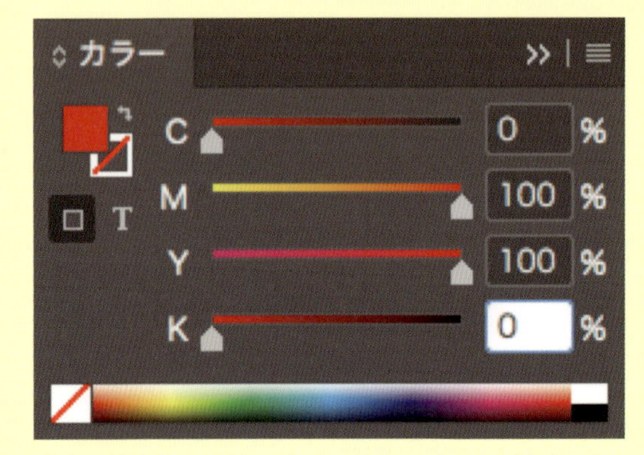

各色の最大値は100%です。0に行くにつれ、白に近づいていきます。

解像度について

画像の再現レベルは解像度に左右されます。解像度の単位には主に「dpi」が使われます。解像度が低いと、ジャギーが目立ち粗く印刷されます。印刷用の画像は、350dpiが理想だと言われています。また、高解像度ほどデータの容量も大きくなります。

解像度が低い場合（10dpi）

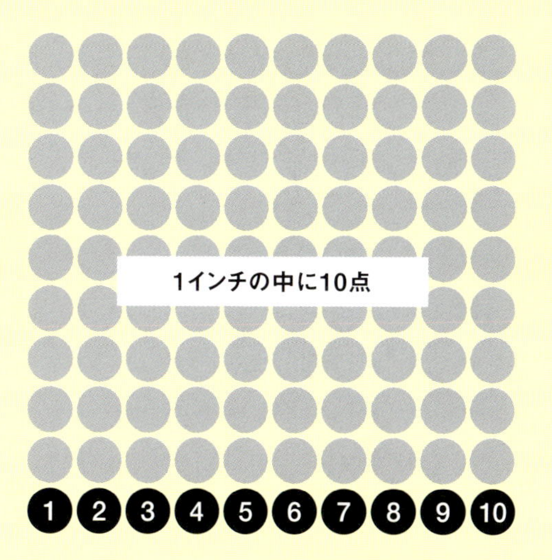

1インチ

解像度が高い場合（350dpi）

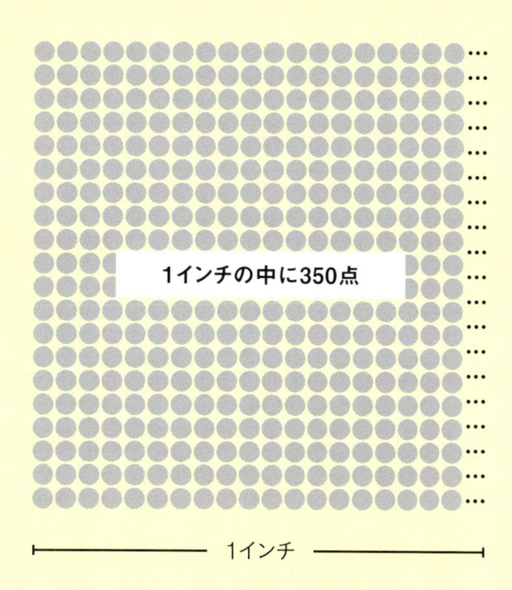

1インチ

誌面の構成要素について

レイアウト構成要素の名称と役割を理解しましょう。どのようにレイアウトしていいか悩ましいときは、ここで解説するレイアウトに関する知識を基に情報を整理していきましょう。

文字組みの基本

字間

文字と文字の間のスペースを意味します。字間を詰めるとまとまった文字組みになります。字間を広げるとゆったりした文字組みになります。

段組み

段落と段落の間にあるスペースを意味します。1行に入る文字数を多くすると、視線の動き幅が長くなり読みづらくなります。段間を設定すると行文字数が減り、読みやすくなります。

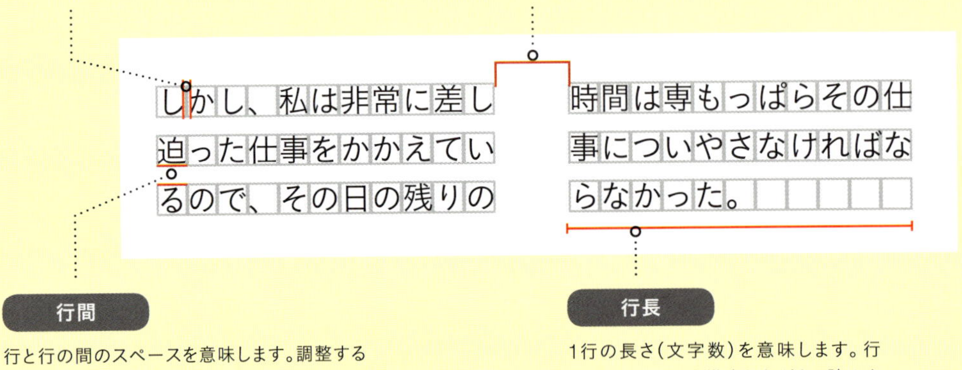

行間

行と行の間のスペースを意味します。調整することで、字間と同様、まとまった文字組や、ゆったりした文字組みにすることができます。

行長

1行の長さ(文字数)を意味します。行数とのバランスを勘案しながら、読みやすい文字組みになるように調節します。

「トンボ」について

印刷物を作成するには、断裁する位置を示す「トンボ」が必要になります。InDesignでは自動的にトンボが設定されます。PDFなどに書きことでトンボを確認できます。

背表紙など折り位置の目安となるトンボです。

「裁ち落とし」について

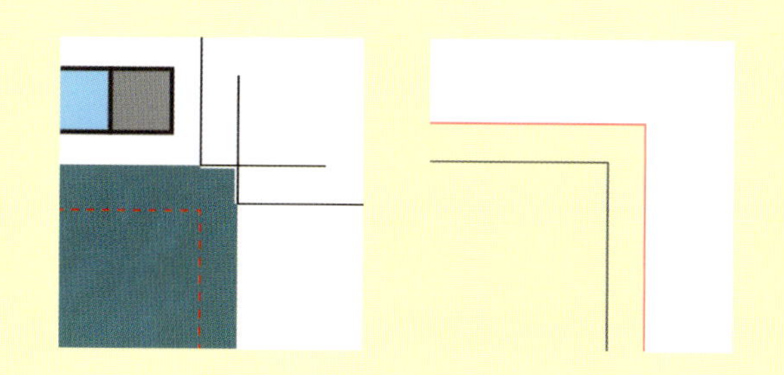

断裁の際、多少のズレが生じても白い隙間が出てしまうのを防ぐために塗り足しをつけます。InDesignのドキュメントで黒い罫線から赤い罫線までの領域が塗り足し部分です。

「綴じ」について

レイアウトを組みときは、目線の動きを考慮する必要があります。縦組みの文字は右上から左下に、横組みは左上から右下に目線が動きます。ページをめくる方向も大事な要素となります。

右開き

ページを右へ開いていく方式です。右上から左下へ目線が動きます。縦書きの多い、新聞や小説、漫画などで多く見られます。

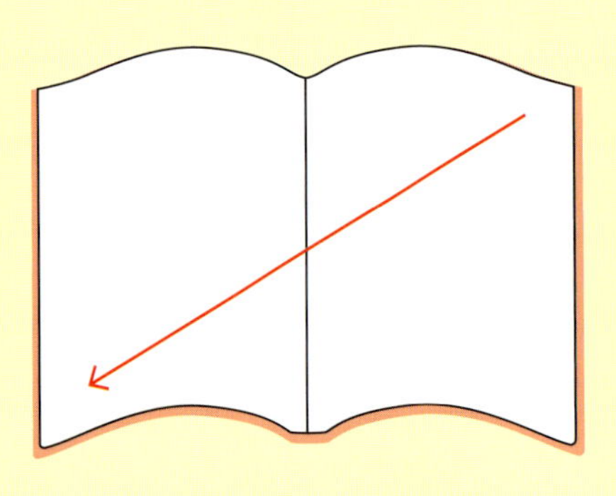

左開き

ページを左へ開いていく方式です。左上から右下へ目線が動きます。数字や欧文を多く含む、専門書や料理本などによく使われます。

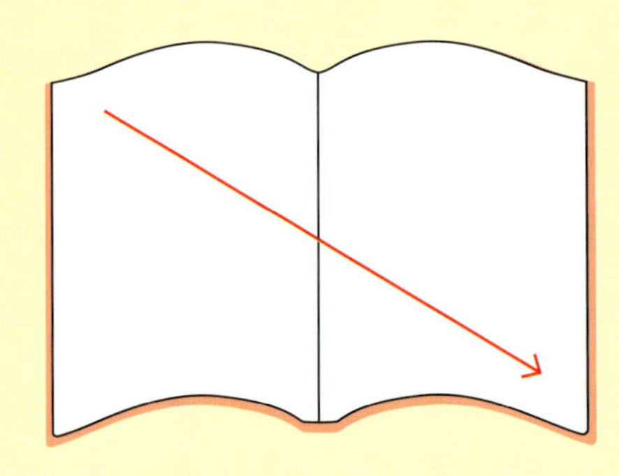

無線綴じ

のりで綴じ、表紙で包む方法です。紙が分厚く束幅が広い場合、針金で留めるとヨレが出てしまいます。文庫本や月刊誌などページ数の多い媒体に向いています。

中綴じ

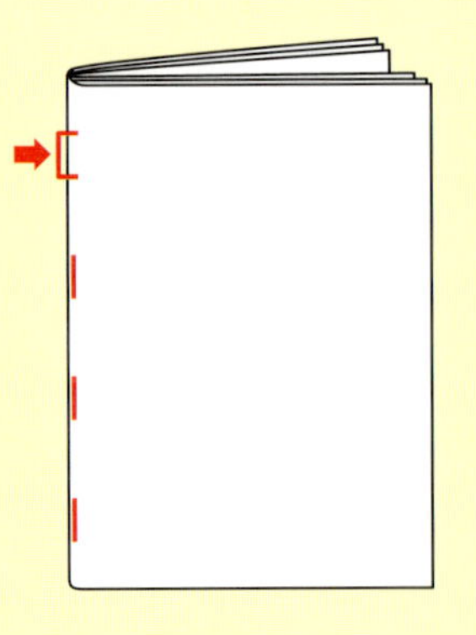

紙を2つ折りにした折り目部分を針金などで留める方式です。ページの外側と中心側で版面が変わります。週刊誌やパンフレットなどページ数の少ない媒体に向いています。

平綴じ

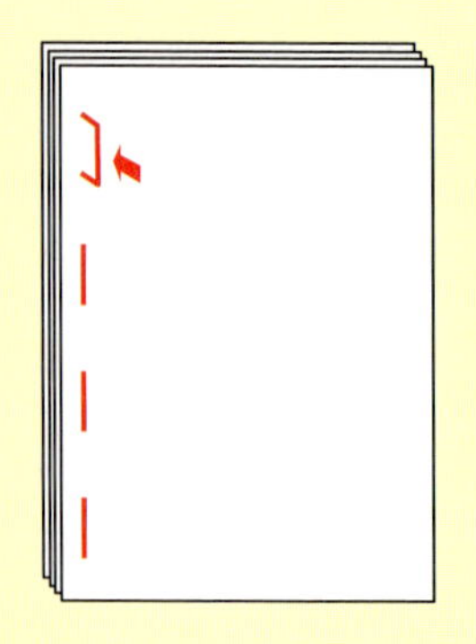

重ねた紙の背の部分から約5㎜離れた箇所を針金などで留め、さらにのりで固める方式です。ノドいっぱいに開くことができませんが、耐久性があります。ムックやファッション雑誌などに見られます。

▷ ▷ ▷

PART 1

InDesignの基本的な使い方

デザインワークを進めるに当たって必要となる
InDesignの基本的な使い方をマスターしましょう。

THEME 01

新規ドキュメントを作成する

デザインの制作を始めるとき、最初に基本的な仕様を設定します。
綴じ方や組み方向など、仕上がりをイメージしながら決めていきます。

一般的な印刷物は、規格サイズと規格外サイズに分かれます。規格サイズで制作すると断裁時に紙の余剰が減るのでコストの削減に繋がります。ここでは普段から目にすることが多いサイズを一覧表にしています。綴じ方向は、文字組みによってほぼ決まります。目線の動きとページをめくる方向が連動しているからです。その半面、ウェブのデザインは、下にスクロールするため、横に目線が流れます。スムーズに読み進めていくために、内容に合ったドキュメントを設定しましょう。

▶ドキュメントサイズ

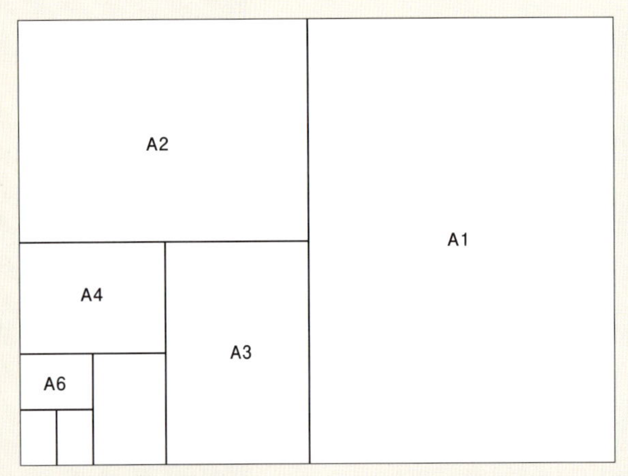

A1：W841㎜ ×H1189㎜
A2：W420㎜ ×H594㎜
A3：W297㎜ ×H420㎜
A4：W210㎜ ×H297㎜
A5：W148㎜ ×H210㎜
A6：W105㎜ ×H148㎜

B2
B1
B4
B3
B6
B5
B7

B1：W728×H1030㎜
B2：W515×H728㎜
B3：W364×H515㎜
B4：W257×H364㎜
B5：W182×H257㎜
B6：W128×H182㎜

名刺

一般的な名刺：
W91㎜ ×H55㎜

ハガキ

郵政ハガキ：
W100㎜ ×H148㎜

四六判

四六版：
W127㎜ ×H188㎜

新書

一般的な新書：
W103㎜ ×H182㎜
W105㎜ ×H173㎜

[ウェブ]

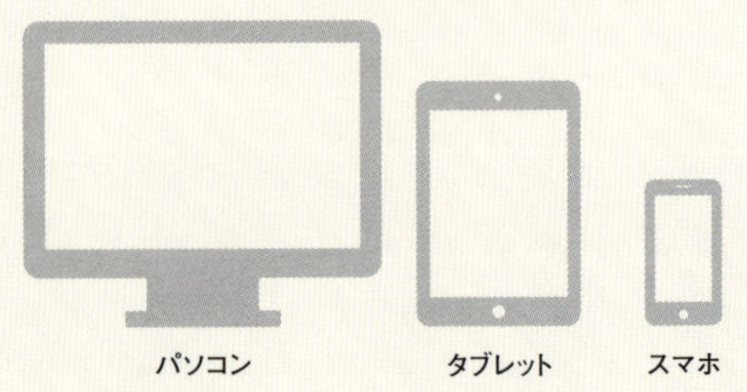

ウェブ媒体は、パソコン、タブレット、スマホなど、ユーザーに合わせた複数のデバイスがあります。

LESSON

[ファイル]メニューから**[新規]**→**[ドキュメント]**を選択し、**[新規ドキュメント]**ウィンドウを開きます。

サイズ・方向を決める

Ⓐ[ドキュメントプロファイル]
大まかにつくるものを選択します。
[プリント] 紙媒体全般
[Web] ウェブのレイアウト向け
[モバイル] タブレット、スマートフォンの電子出版物向け

Ⓑ[ページ数]
ドキュメントに含めるページ数を指定します。**[見開きページ]**のチェックを外すと、チラシなど単ページの体裁になります。

Ⓒ[開始ページ番号]
設定するページの開始番号を指定します。

Ⓓ[ページサイズ]
目的に合わせて、ドキュメントのサイズを設定します。

Ⓔ[方向] 縦置き・横置き

Ⓕ[綴じ方向] 右綴じ・左綴じ

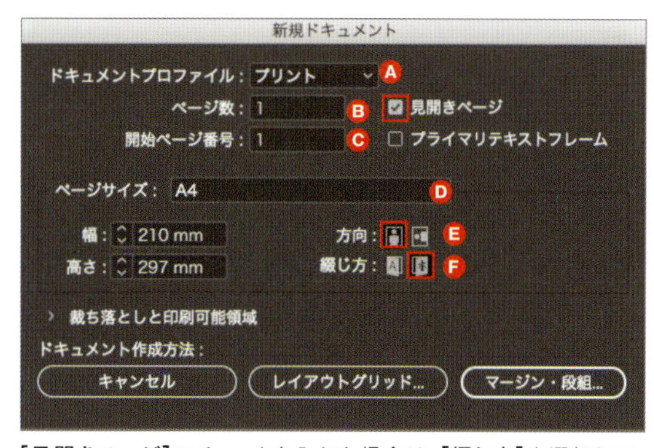

[見開きページ]にチェックを入れた場合は、**[綴じ方]**を選択して、ページの送り方向を決定します。

[右開き]

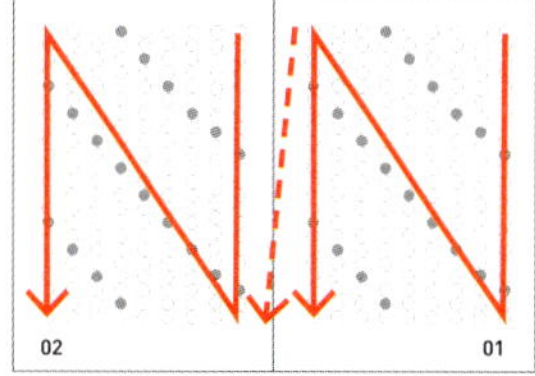

文字量の多い小説や新聞など、本文が縦書きのものに多く見られます。

[左開き]

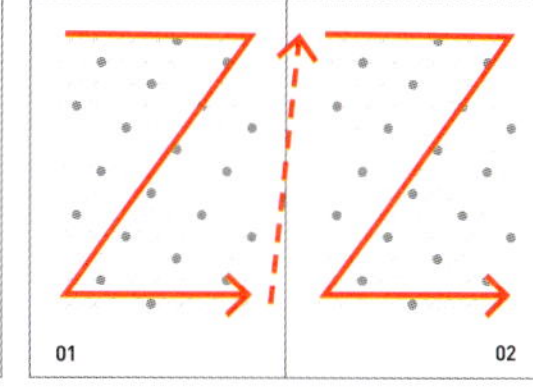

デジタル専門誌やカルチャー誌など、本文が横書きのものに多く見られます。

裁ち落としと印刷可能領域を設定する

裁断時のズレによって、ページの端に余白が生じてしまうことがあります。そのため、仕上がりの寸法に通常3mmの塗り足しをつけます。「印刷可能領域」とは、印刷の際に、裁ち落としの外側に表示されるスペースのことを指します。ページ情報や印刷処理の指示を付け加えることもできます。

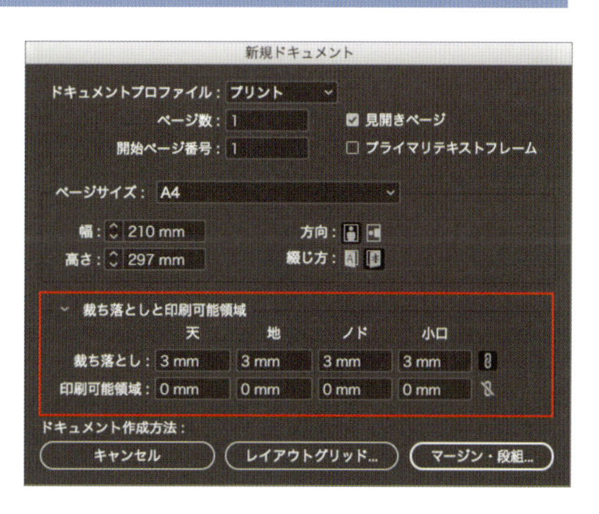

マスターページを設定する

ページ数の多いレイアウトでは、デザインの修正に膨大な労力と時間がかかることがあります。そこで、一括で修正作業を行える「マスター」を活用し、効率化を図りましょう。

マスターページに配置した要素は、適用された全てのページに自動配置されます。ノンブルや柱など全ページに入る共通要素をマスターページに配置することで、抜け漏れを防ぐこともできます。また、背景デザインなどの配色の変更があった場合には、一括で更新することができるので非常に便利です。

▶書籍各部の名称

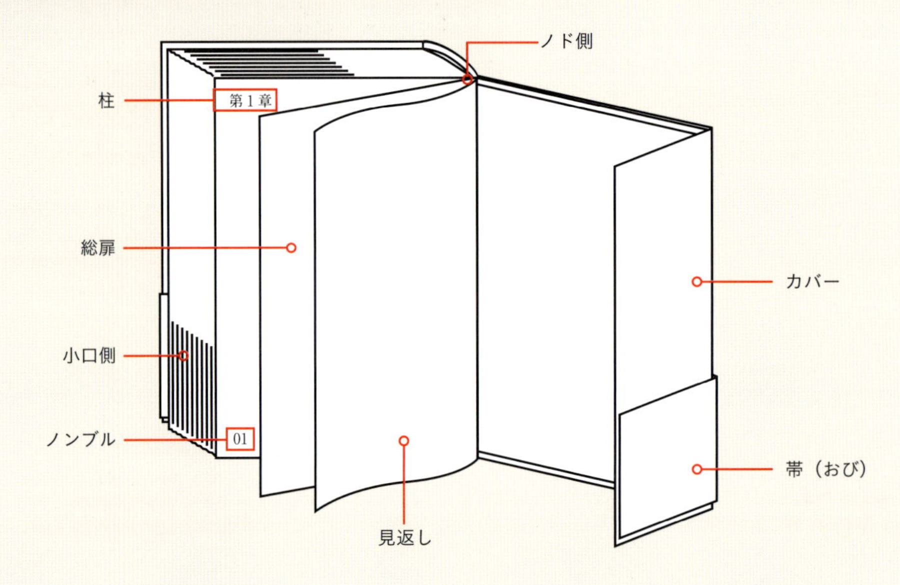

▶ウェブサイト各部の名称

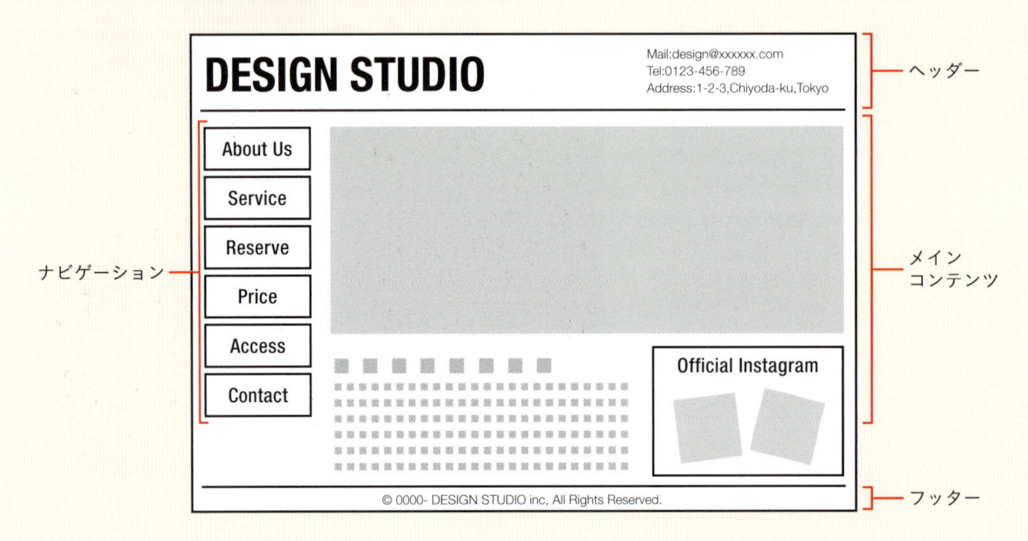

LESSON

ページを追加する

[ウィンドウ]メニューから、**[ページ]パネル**をクリックして、**[ページ]パネル**を表示します。

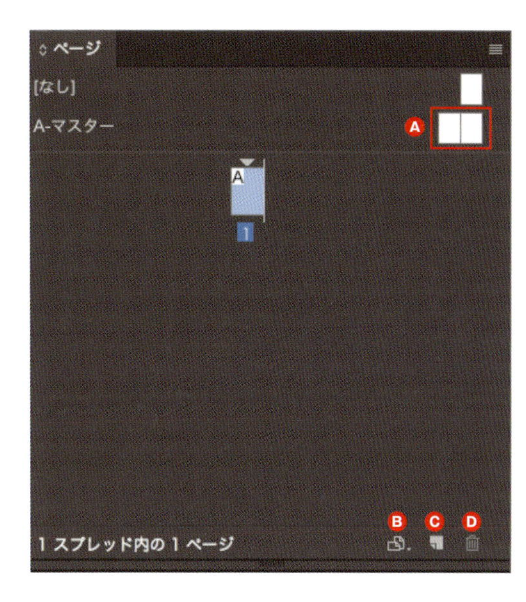

Ⓐ[マスターページ]
「control キー＋クリック(右クリック)」→**[新規マスター]**でマスターを追加します。

Ⓑ[ページサイズの編集]
クリックでページのサイズを編集します。(P.95参照)

Ⓒ[ページを挿入]
クリックで新規ページを挿入します。

Ⓓ[選択されたページを削除]
クリックでページを削除します。

ノンブルを設定する

1

テキストボックスを作成する

T.**(横組み文字ツール)**で、ノンブルを入れるテキストフレームをドラッグ＆ドロップでつくります。

2

ノンブルを挿入する

テキストフレームにカーソルが表示されている状態で、**[書式]メニュー**から**[特殊文字の挿入]**→**[マーカー]**→**[現在のページ番号]**をクリックします。

3

体裁を整える

表示位置や書体などを整えます。

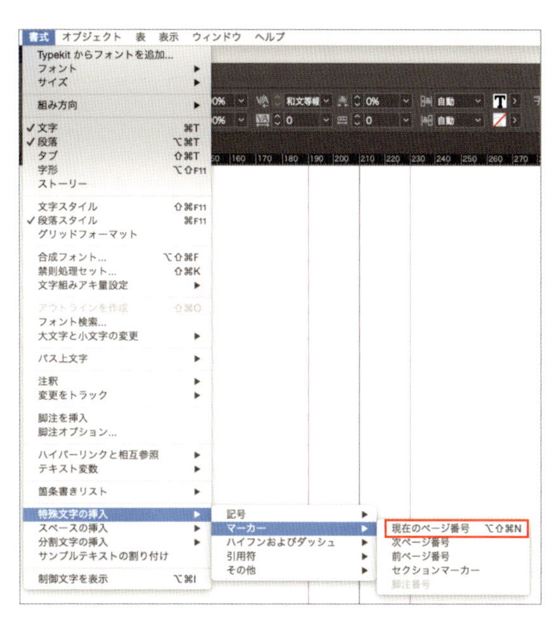

文字を入力する

InDesignには、「テキストフレーム」と「フレームグリッド」の2種類のテキストフレームが備わっています。それぞれの特性を理解して文字の入力を使い分けましょう。

デザインにおいて、文字は、情報を伝えるために文字は欠かせない要素です。InDesignでは、フリーレイアウトに適した「テキストフレーム」と、マス目に収まるように設計された「フレームグリッド」の2種類の文字フレームを使い分けることができます。「フレームグリッド」では、あらかじめ設定した文字サイズや書体情報が自動的に適用され、統一された文字組みをつくることが可能で、文字量の多いページデザインに適しています。それぞれの特徴を理解して、相応しいツールを使いましょう。

▶書体の種類と特徴

使用書体名：A-OTF リュウミン Pro-L

明朝体

花巻・盛岡を巡つて帰つて、私は一顆の栗一顆の小なしを茶の間の卓上に置いてをいた。一顆の栗と一顆の小なしはそのまゝに、幾日かそのまゝに置かれてあつた。

縦線が太く横線の細い、すっきりとした、文字量の多い文章でも読みやすい字形です。字形に「はね」「うろこ」「とめ」「はらい」があるのが特徴です。高級感、上品、フォーマルなどの印象を与えることができます。

使用書体名：A-OTF 中ゴシックBBB Pro-Medium

ゴシック体

花巻・盛岡を巡つて帰つて、私は一顆の栗一顆の小なしを茶の間の卓上に置いてをいた。一顆の栗と一顆の小なしはそのまゝに、幾日かそのまゝに置かれてあつた。

縦と横の線の太さが均一であるため、視認性が高い書体です。若々しさ、力強さなどの印象を与えることができます。スマホなどのモバイル端末向けのデザインにもよく使われます。

行書体

筆で崩し書きした和の雰囲気、古典的な印象の書体です。

楷書体

「とめ」「はね」「はらい」のしっかりした書体なので、教育関連のデザインに多く使われています。

POP体

かわいさやにぎやかさを重視したゴシック体系の書体です。視認性が高く、店舗のポップなどでよく使われます。

手書き

鉛筆やペンで書いたような手書きの書体です。カジュアル、可愛さなどの温かみのある印象を与えることができます。

LESSON

文字組みツールを使用して文字を入力する

T、↓T（横・縦組み文字ツール）でドラッグしてテキストフレームが作成され、文字を入力できます。自由度が高く、細やかな配置ができます。短めのキャプションや、タイトル、ノンブルなどに使います。フレーム自体に文字詰め設定は付かないので、**[文字]パネル**で設定する必要があります。

花巻・盛岡を巡つて帰つて、私は一顆の栗一顆の小なしを茶の間の卓上に置いてをいた。一顆の栗と一顆の小なしはそのまゝに、幾日かそのまゝに、

フレームのマージンの設定をする

[オブジェクト]メニューから**[テキストフレーム設定]**を選びます。

花巻・盛岡を巡つて帰つて、私は一顆の栗一顆の小なしを茶の間の卓

花巻・盛岡を巡つて帰つて、私は一顆の栗一顆の小なしを茶の間の卓上に置いてをいた。一顆の栗と一顆の小なしはそのまゝに、幾日かそのまゝに、

[フレーム内マージン]で数値を入力すると、フレームと文字との間に余白が設定されます。余白をつくることにより、ゆったりした文字組みになります。

フレーム内マージン
上：3 mm
下：3 mm

左：3 mm
右：3 mm

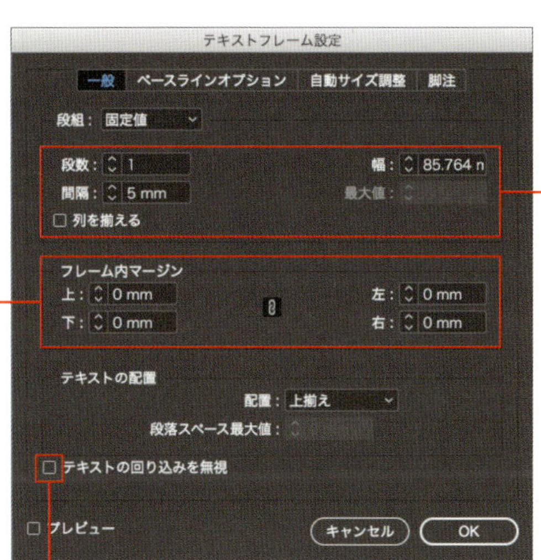

テキストフレームで段をつくることができます。段をつくることで、同じ幅のフレームを、一定間隔に揃えて並べることができます。

段数：2
間隔：3 mm
列を揃える

幅：20 mm
最大値：

写真の上に文字を乗せたい場合は、**[テキストの回り込みを無視]**にチェックを入れます。

LESSON

グリッドツールを使用して文字を入力する

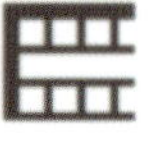

(横・縦組みグリッドツール)でドラッグしてフレームグリッドが作成され、文字を入力します。フレームグリッドには書式の設定がされています。1行あたりの文字数と行数をあらかじめ決めることができるので、文字数を統一したいデザインに向いています。

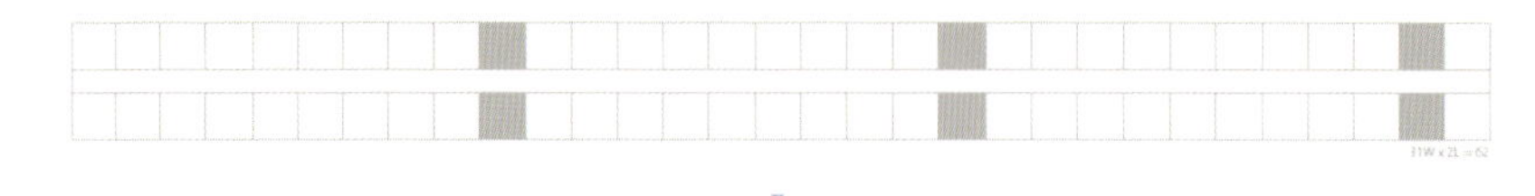

↓

花巻・盛岡を巡つて帰つて、私は一顆の栗一顆の小なしを茶の間の卓上に置いてをいた。一顆の栗と一顆の小なしはそのまゝに、幾日かそのまゝに、

フレームグリッドの設定をする

[オブジェクト]メニューから**[フレームグリッド設定]**を選びます。
様々な書式の設定をここから行います。

Ⓐ[書体]

Ⓑ[サイズ]

Ⓒ[字間]
マイナスで入れると詰まります。

Ⓓ[行間]

Ⓔ[揃えオプション]
行や文字揃えを設定します。

Ⓕ[行と段組]
1行あたりの文字数、行数、段数、段間を設定します。(P.133参照)

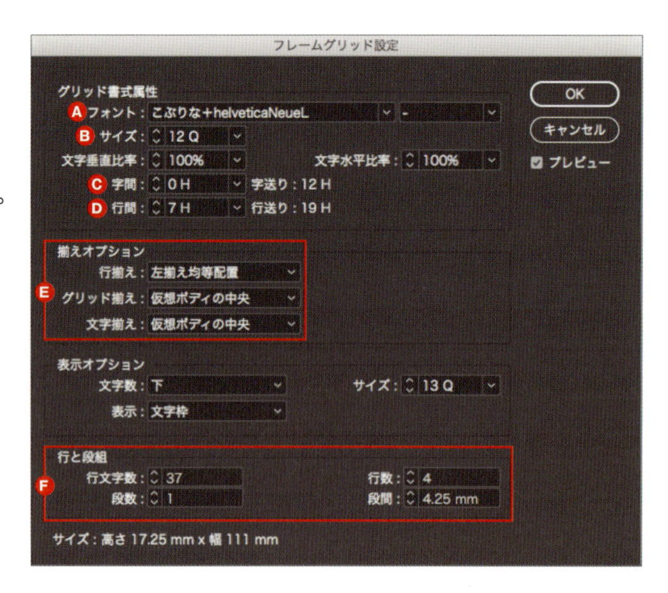

MEMO

単位について
DTPの現場でもっとも使われるのが「Q(級)」というサイズの単位です。1Q=1mmの1/4…約0.25mmです。字間や行間に使われる「H(歯)」も、同じく1H=約0.25mmです。ウェブデザインでは「pixel(ピクセル)」の単位がよく使われます。一般的に1ピクセルは0.3mm前後を指します。

LESSON

文字をアウトライン化する

入稿先にフォントが無い場合や印刷に対応しないものは基本的にアウトライン化します。また、変形や加工ができるようになり、デザインの幅が広がります。

1

文字を入力する

T（横組み文字ツール）で文字を入力します。

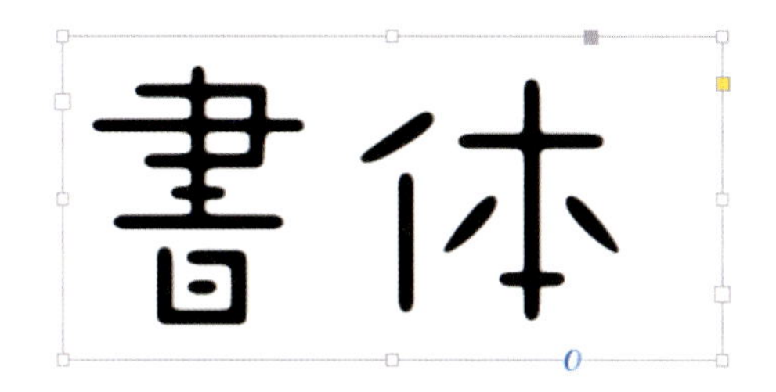

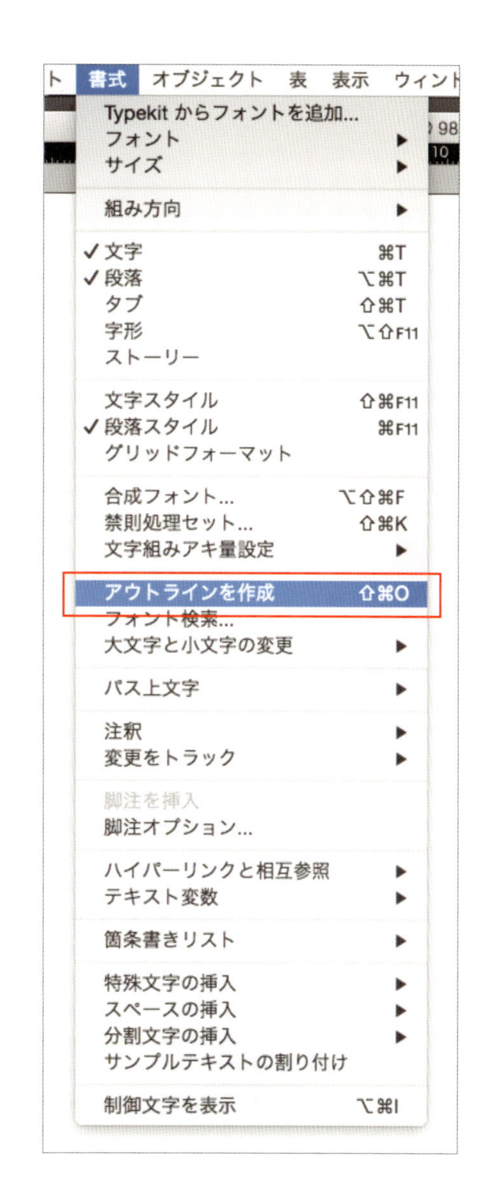

2

アウトライン化する

テキストフレームを（**選択ツール**）で選択した状態で、**[書体]メニュー**から**[アウトラインを作成]**します。編集可能なパスになるので、（**ダイレクト選択ツール**）でパスを選択して変形したり、色を変えたりできます。

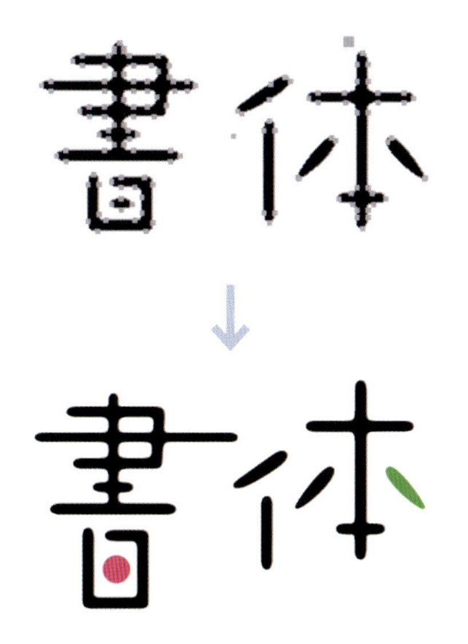

MEMO

アウトラインをかけたときの注意

効果をかけている場合、アウトライン後は効果が失われるので注意しましょう。

組みを設定する

読み手が理解しやすいレイアウトをつくるには、文字組みの設定が重要です。文字の行長や段間などを調整しましょう。

文字量の多い本文は、「段組み」を用いて読みやすくします。1行の文字数が長すぎると、テンポよく読むことが難しくなるため、行長を短くし、目線の折り返す負担を軽くします。段と段の間隔（段間）は、文字サイズの1.5〜2倍ほど空けて、文字が1つのブロックとして判断できるように配慮しましょう。

▶段落パネル

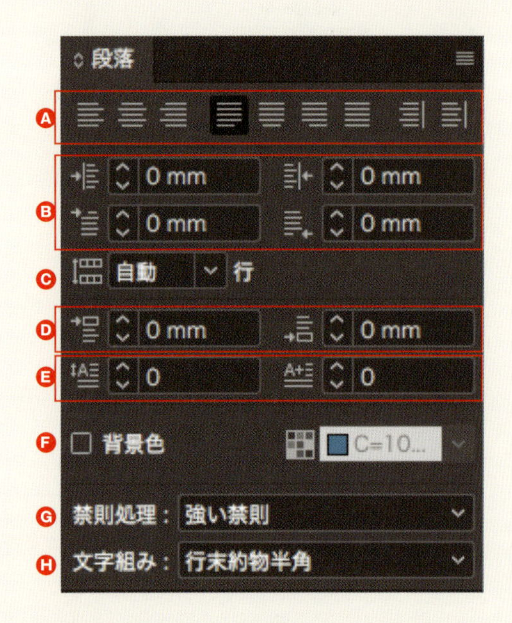

Ⓐ［文字揃え指定］
クリックして文字の揃えを指定できます。
左から、「左揃え」、「中央揃え」、「右揃え」、「均等配置（最終行左/上揃え）」、「均等配置（最終行中央揃え）」、「均等配置（最終行右/下揃え）」「両端揃え」、「ノド揃え」、「小口揃え」

Ⓑ［インデント設定］ … P.35参照

Ⓒ［行取り］
見出しを本文2行分のマス目に配置するなど均等割り付けをします。

Ⓓ［段落前・段落後のアキ］
段落の最初と最後の空きを設定します。改行しても空きをつくりたくない場合は、「shiftキー＋return（Enter）キー」で強制改行します。

Ⓔ［ドロップキャップ設定］ … P.134参照
文頭の文字サイズを大きくします。

Ⓕ［段落の背景色］
段落ごとに背景色をつけます。

Ⓖ［禁則処理］ … P.37参照

Ⓗ［文字組み］
約物の処理（P.37参照）や行末のルールなどを設定します。

LESSON

段組の設定をする

1

グリッドフレームをつくる

(縦組みグリッドツール) でテキストフレームをつくります。

2

段落の設定をつける

[オブジェクト]メニューから**[フレームグリッド設定]**で各項目を設定します。

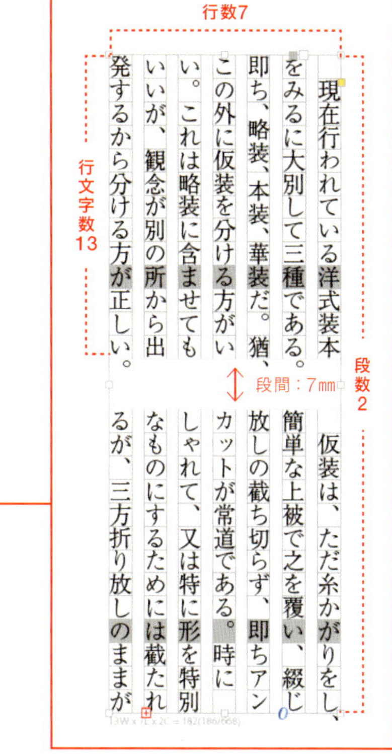

あふれた文字を別のテキストフレームに続けて流し込む

1 あふれている文字には＋のアイコンが表示されます。新しいフレームグリッドを作成します。

2 **(選択ツール)**で＋のアイコンをクリックし、新しく作成したテキストフレームの文頭をクリックすると、あふれていた文字が続けて流し込まれます。

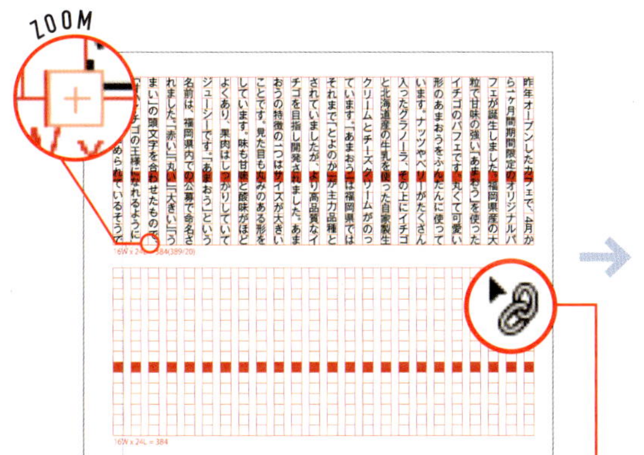

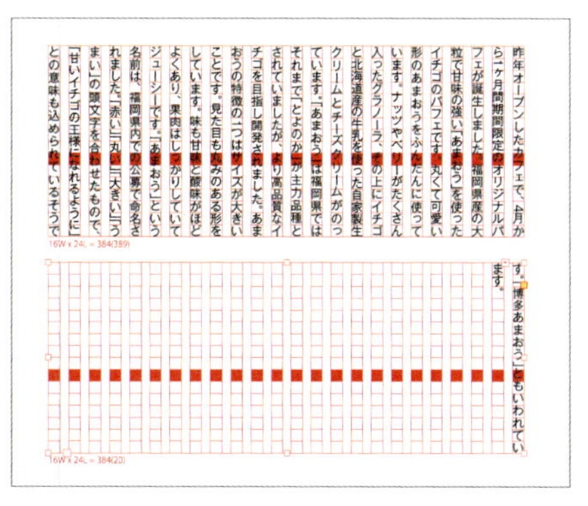

続けて流したいテキストフレームの上にカーソルを乗せます。鎖のアイコンのついたカーソルに変化したらクリックします。

文字を整える

文字のツメや句読点を調整することで、読みやすさが格段に向上します。
文字・段落パネルを使って適切な設定を行いましょう。

大枠の「組み」を作成したら、仕上げとして細部の文字を整える工程に入ります。日本語の文字は、かなや漢字など、複数の種類の字形を組み合わせてつくられているので、字間が均等に見えない場合があります。そのようなときは「カーニング」「トラッキング」「文字ツメ」を使い分けて調整をします。また、レイアウトスペースに収めたいときやデザインの演出で、文字を変形させることも可能です。

▶文字ツメの実用例

カーニング：和文等幅、トラッキング：0、文字ツメ：0%

現在行われている洋式装本をみるに大別して三種である。即ち、略装、本装、華装だ。猶、この外に仮装を分ける方がいい。これは略装に含ませてもいいが、観念が別の所から出発するから分ける。、略装、本装、華装だ。猶、この外に仮装を分ける方がいい。

カーニング：和文等幅、トラッキング：0、文字ツメ：40%

現在行われている洋式装本をみるに大別して三種である。即ち、略装、本装、華装だ。猶、この外に仮装を分ける方がいい。これは略装に含ませてもいいが、観念が別の所から出発するから分ける。、略装、本装、華装だ。猶、この外に仮装を分ける方がいい。

カーニングで設定する「和文等幅」は、仮想ボディ（字形のボックス）に文字を収めて組む機能です。行の長さや一行の文字数を揃えたいときに有効です。ただし、文字幅に関わらず均等な空きになるため、スペースを広く必要とします。[文字ツメ]で、字間の空きを調整できます。

LESSON

文字パネルの説明

Ⓐ［書体を選ぶプルダウン］
Ⓑ［文字のサイズ］ Ⓒ［行間］
Ⓓ［垂直比率、水平比率］…P.34参照
Ⓔ［カーニング］
文字ごとの形状に合わせて、それぞれの字間の空きを調整します。
Ⓕ［トラッキング］
まとまったテキストの字間を一律にします。文字の後ろ側の空きが変更されます。「option（Alt）キー＋←または→」で調整できます。
Ⓖ［文字ツメ］
まとまったテキストの字間を一律に調整します。文字の前後の空きが変更されます。和文書体のための機能です。

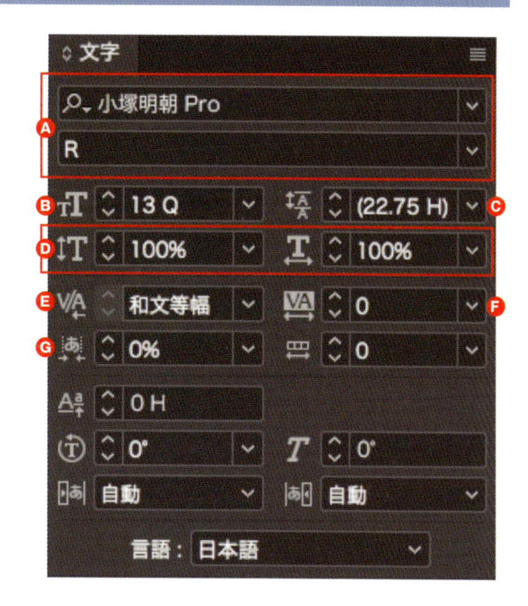

カーニング・字送り・文字詰めの違い

カーニング

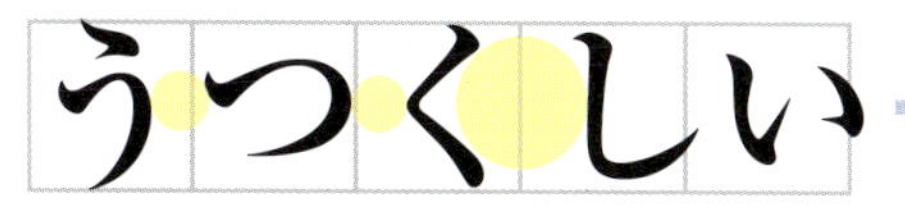

かな文字は特に横幅・縦幅が均一でないため、文字同士の間隔が目立ってしまいます。

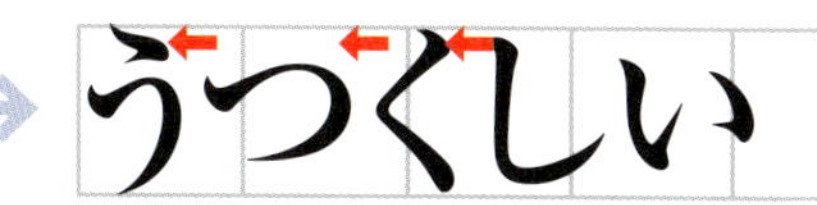

カーニングを「メトリクス」にすると、文字同士の余白を自動で詰めることができます。

トラッキング

「ザ」の字に比べて「イ」「ン」は横幅が狭いため、前後に空きが生じます。

全体のバランスを見ながら、「option（Alt）キー＋←」で字間を詰めます。

文字ツメ

明日の朝 → 明日の朝

かな・漢字を組み合わせた場合、個々の字間に少しずつ空きが発生することがあります。

文字ツメを「60%」にします。文字の前後が均等に詰まるため、一文字目の「明」の左側も詰まります。

LESSON

文字の長体・平体変形

[文字パネル]から**[垂直比率][水平比率]**に数値を入力します。デフォルトは100%です。変形させていない状態を**「正体(せいたい)」**、横長に変形させたものを**「平体(へいたい)」**、縦長に変形させたものを**「長体(ちょうたい)」**と呼びます。

正体 たのしいデザイン

垂直・水平比率 100%

平体 たのしいデザイン

垂直比率 80%

長体 たのしいデザイン

水平比率 80%

文字の斜体変形

[文字パネル]から**[歪み]**に数値を入力します。初期設定は0°です。角度を入力することで、斜めに変形します。マイナスの数値を入力すると、逆方向に向かって斜めになります。

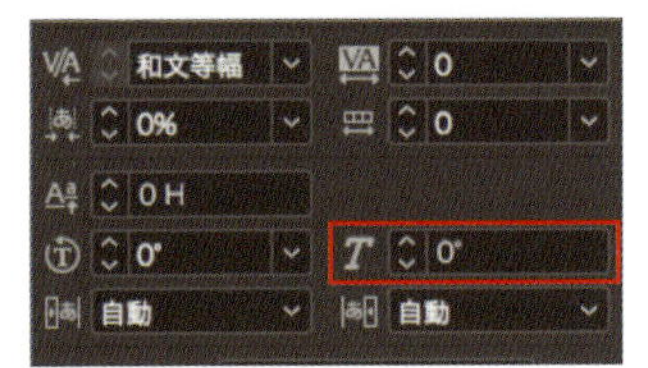

たのしいデザイン

歪み 10°

たのしいデザイン

歪み -20°

MEMO

変形の効果的な使い方

限られたスペースに文字を押し込むときに使います。また、新聞など文字量の多い文章に平体をかけると、1行ごとのまとまりが分かりやすくなります。文字を変形し過ぎると読みにくくなるので、長体平体であれば80%までにとどめましょう。

LESSON

インデント

[段落]パネルから文章の行頭に空白を入れて字を下げる設定をします。

Ⓐ**[左/上インデント]** Ⓑ**[右/下インデント]**
Ⓒ**[1行目/左インデント]**
Ⓓ**[最終行の右インデント]**

横組み/縦組みに対応する位置で表示されます。

[段落]パネルで設定できます。

左/上インデント：8㎜

8㎜

出版業の現場で使われて
いる、このソフトの最大
の特徴は、日本語の組版
に特化した点です。さま

1行目/左インデント：3.5㎜

3.5㎜

出版業の現場で使われてい
る、このソフトの最大の特徴
は、日本語の組版に特化した点
です。さまざまな文字種を扱う

ぶら下がり

行の頭に句読点（、。）が置かれた場合、フレームの外にはみ出させる設定をします。テキストボックスを選択した状態で、**[段落]パネル**の右上の≡**（オプション）メニュー**から**[ぶら下がり方式]**→適用する項目をクリックします。

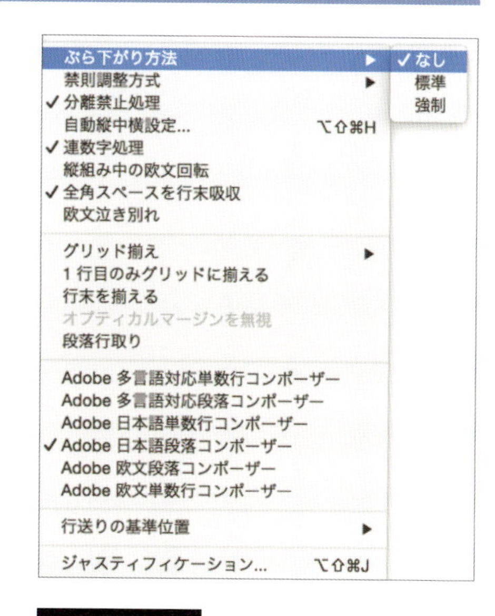

ぶら下がり：なし

出版業の現場で使われている、
このソフトの最大の特徴は、日
本語の組版に特化した点です。
さまざまな文字種を扱う日本語
組版では、文字詰めや禁則処理
の機能が、とても重要なのです。

最後の行の収まりきらない句読点（。、）の右の余白を詰めることで押し込まれます。

ぶら下がり：標準

出版業の現場で使われている、
このソフトの最大の特徴は、日
本語の組版に特化した点です。
さまざまな文字種を扱う日本語
組版では、文字詰めや禁則処理
の機能が、とても重要なのです。

完全にあふれた句読点だけがぶら下がります。行末の句読点は、フレーム内に収まっています。

ぶら下がり：強制

出版業の現場で使われている、
このソフトの最大の特徴は、日
本語の組版に特化した点です。
さまざまな文字種を扱う日本語
組版では、文字詰めや禁則処理
の機能が、とても重要なのです。

行末に句読点があれば、あふれていなくてもぶら下がります。不足文字分は均等配置になり、文字間が間延びします。

禁則処理を設定する

文章中の句読点が行頭にあると文章をスムーズに読み進めることが難しくなります。文字を組むルールを設けることで読み手のストレスは軽減されます。

文章に使われる記号類は、読みやすくするために用いられます。句点は文章の区切りを意味しますが、行頭に置かれた場合、読みづらく、意味を取り違えてしまいます。他にも、行頭に「っ」や「、」などが置かれないようするなど、ルールを決めて調整する必要があります。禁則処理には大きく分けて「行頭禁則」「行末禁則」「分離禁則」の3つの処理があり、文章中に使う記号を「約物（やくもの）」と呼びます。また、本来繋がっていたほうが読みやすい3点リーダーやダッシュの連続が次の行へ送られて分かれてしまうことを「泣き別れ」と呼び、離さないように注意が必要です。

▶禁則処理のルール

Before

明日開催される予定の「県大会」の日は雨予報…
…もしも、朝雨が止まずゲームができなければ
、きっと中止になる。

行頭に読点（、）が来ています。2つの3点リーダー（…）が泣き別れしています。

After

明日開催される予定の「県大会」の日は雨予報
……もしも、朝雨が止まずゲームができなけれ
ば、きっと中止になる。

[禁則処理：強い禁則]を適用する事で、スムーズに読める文章になりました。

区切り符	中黒・　耳垂れ？　雨だれ！ コロン：　セミコロン；　斜線／
句読点	読点、句点。 コンマ，ピリオド． かっこ（）［］　引用符「」“”
つなぎ符	音引ー　波音引〜　ハイフン‐ 3点リーダー…　ダブルハイフン＝
単位記号	℃　％　°　″

アスタリスク	＊*	米印	※
商用記号	＄￥¢		
矢印	→←↓↑		
その他	★●♪など		

LESSON

禁則処理を設定する

[段落パネル]で**[禁則処理]**を選択します。**[弱い禁則][強い禁則]**では、行頭に小さいかながくるのを許可するか、音引き(ー)や、記号が泣き別れないかの対象の度合いです。

背景色　C=10...
禁則処理：強い禁則
文字組み：行末約物半角

禁則なし

良い情報を得るには、「
新聞」が○。朝刊は￥
130 で販売中です。

弱い禁則

良い情報を得るには、
「新聞」が○。朝刊は￥
130 で販売中です。

強い禁則

良い情報を得るには、
「新聞」が○。朝刊は
￥130 で販売中です。

[禁則なし]では、カギかっこ(「)や、「￥」と数字が泣き別れしています。**[弱い禁則]**ではカギかっこだけ追い出されて、次の行に送られています。**[強い禁則]**では「￥」と数字も追い出され、1つのワードとして繋がりました。

禁則処理方式を設定する

禁則に引っかかった場合の処理を、**[追い込み][追い出し]**どちらにするか決めることができます。テキストボックスを選択した状態で、**[段落]パネル**の右上の≡**(オプション)メニュー**から**[禁則調整方式]**→適用する項目をクリックします。

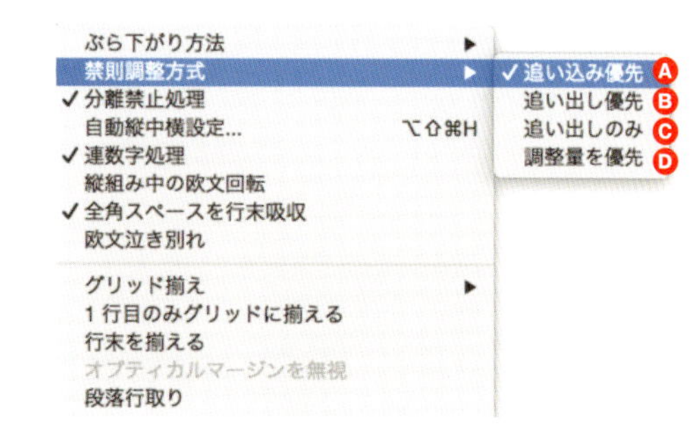

A 追い込み優先

弟の蟹がまぶしそうに眼(め)を動かしながらた
ずねました。『何か悪いことをしてるんだ
よとってるんだよ。』『とってるの。』『うん。』
そのお魚がまた上流(かみ)から戻って来ました。

B 追い出し優先

弟の蟹がまぶしそうに眼(め)を動かしながらた
ずねました。『何か悪いことをしてるんだ
よとってるんだよ。』『とってるの。』『う
ん。』そのお魚がまた上流(かみ)から戻って来ま

C 追い出しのみ

弟の蟹がまぶしそうに眼(め)を動かしながらた
ずねました。『何か悪いことをしてるんだ
よとってるんだよ。』『とってるの。』『う
ん。』そのお魚がまた上流(かみ)から戻って来ま

D 調整量を優先

弟の蟹がまぶしそうに眼(め)を動かしながらた
ずねました。『何か悪いことをしてるんだよ
とってるんだよ。』『とってるの。』『うん。』
そのお魚がまた上流(かみ)から戻って来ました。

THEME 07

写真を配置する

InDesignで写真を配置すると、グラフィックフレームとして取り込まれます。
サイズ調整や写真ファイルをスムーズに編集をすることができます。

InDesignで写真をレイアウトするためには「配置」をして読み込む必要があります。写真はもちろん、PDFやInddファイル、Aiなどのさまざまなファイル形式の配置が可能で、Adobe製のグラフィック関連ソフトとの連動にも優れています。Photoshopで編集した写真データはInDesignの[リンク]機能で変更が自動的に反映され、配置したファイルは、トリミングや写真サイズを自由に変更できます。配置するファイルの種類や特徴を理解して、効果的に写真を活用しましょう。

▶写真の主なファイル形式

※Ps＝Photoshop、Ai＝Illustratorの略

	特徴	主な用途	レイヤー	透明部分	パス	色変更
PSD	Psの保存形式。Ps上で使用した機能を全て保持したまま保存できるため再編集に強い	製作中のリンクファイル（再編集するもの）	○	○	○	○
EPS	Adobeがつくった汎用保存形式。PsやAiで作成可能。プレビュー用データを含むため、配置に最適	製作中のリンクファイル（再編集しないもの）	×	×	○	×
TIFF	保存時に写真を圧縮しないため、高解像度の写真の入稿に適している。モノクロ2階調データも扱える	入稿用写真データ、色変更用素材データ	○	○	○	○
JPG	一般的な写真の保存形式。保存時に圧縮をするため、データを軽くできるが圧縮で劣化しても戻せない	Web用の写真、メール添付用の写真	×	×	○	×

レイヤー…レイヤー構造を保持した状態での保存。　透明部分…背景の透明部分を保持したまま保存。保持できない場合は、自動的に白い背景になる。　パス…Photoshop上でクリッピングパスを作成した際に適用可能。　色変更…P.113参照

▶写真の主な配置の手法

角版

写真を切り抜かずに、四角形のまま配置する方法です。安定感があり、堅めのイメージになります。

丸版

写真を丸くくり抜き、かわいらしさ、やわらかさが演出されます。一部分を拡大にする際によく使われます。

キリヌキ

写真の必要な部分だけ、パスで切り抜く方法です。輪郭がくっきりするため、にぎやかなイメージに効果的です。

LESSON

写真を配置する

1

写真を選択する

[ファイル]メニューから**[配置]**を選択します。配置したいファイルを選択します。

2

配置する場所や大きさを決定する

カーソルに配置ファイルのサムネイルが付いて回るので、配置したい場所をクリックすると原寸で配置されます。好きな大きさに配置したい場合は、サムネイルがついた状態でドラッグし、フレームを描きます。描いたフレームの大きさにぴったり合った状態で配置されます。デスクトップやFinderからドラッグ&ドロップでも配置ができます。

ファイル　編集　レイアウト　書式　オブジェ
新規 ▶
開く... ⌘O
Bridge で参照... ⌥⌘O
最近使用したファイルを開く ▶
閉じる ⌘W
保存 ⌘S
別名で保存... ⇧⌘S
チェックイン...
複製を保存... ⌥⌘S
復帰
Adobe Stock を検索...
配置... ⌘D
CC Libraries から配置...
XML を読み込み...
PDF 書き出しプリセット ▶
書き出し... ⌘E
Publish Online...
Publish Online ダッシュボード...

サイズを変更する

1

写真を選択する

▶**(選択ツール)**で写真に触れると「コンテンツグラバー」という右の図のような二重丸が出ます。コンテンツグラバーをクリックすると、中の写真を選択できます。

2

大きさを変更する

選択した状態でドラッグ&ドロップすると、写真の大きさを変えることができます。ドラッグしている最中に「shiftキー」を押すと**縦横比率固定で拡大縮小**、「option(Alt)キー」を押すと中央を基準にして**拡大縮小**を行えます。

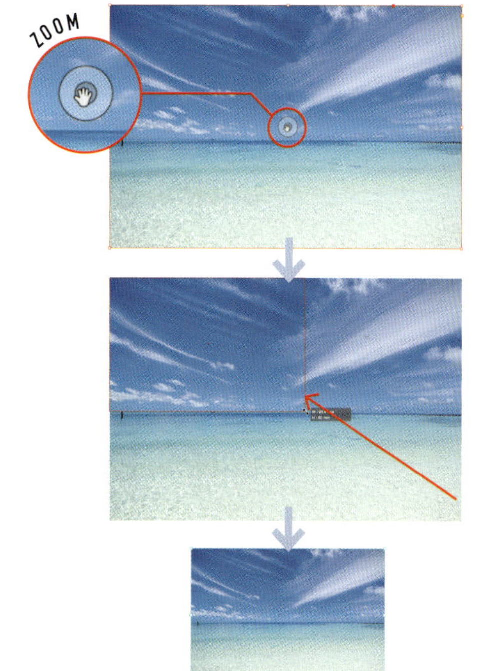

InDesignでは、写真は1枚ずつフレームに入った状態で配置されます。

LESSON

トリミングを変更する

写真の必要な部分だけを切り取ることを「トリミング」といいます。

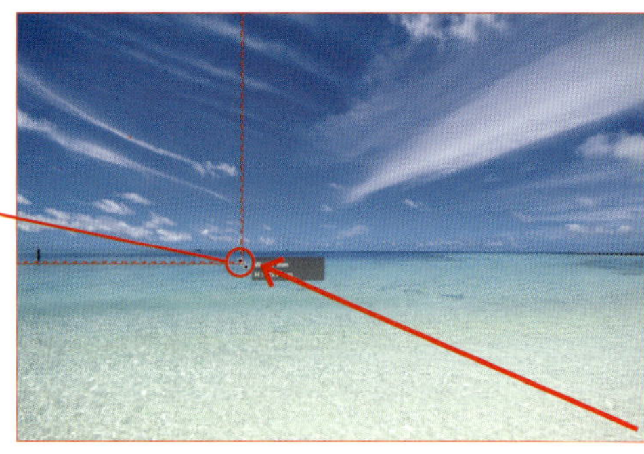

1

写真を選択する

▶（選択ツール）で、トリミングしたい写真のフレームの四隅のいずれかにマウスポインターを置きます。

2

大きさを変更する

カーソルが拡大縮小の矢印になるので、ドラッグして大きさを調整します。「shiftキー」を押しながらドラッグすると、縦横比が固定されたままトリミングされます。

MEMO

トリミングの重要性

トリミングによって、写真のイメージが大きく変わります。伝えたい内容に合わせたトリミングの調整をしましょう。

ロケーションを説明するなら…
→背景まで写したトリミングに

風景を含めた引きのトリミングによって、写真の情景が伝わります。

メニューを説明するなら…
→料理に寄ったトリミングに

伝えたい情報に寄ることで、文章との整合性をとることができます。

LESSON

リンクパネルの説明

Ⓐ **[再リンク]**
リンクファイルを変更します。

Ⓑ **[リンクへ移動]**
パネルで選んだリンクファイルが使用されている部分に移動します。

Ⓒ **[リンクを更新]**
編集されたリンクファイルを最新の情報に更新します。

Ⓓ **[元データを編集]**
リンクファイルを、ファイル形式に紐付いたデフォルトのアプリケーションで開きます。編集したいリンクファイルを ▶ **(選択ツール)**で、「option（Alt）キー＋ダブルクリック」することで同じ挙動になります。

Ⓔ **[ステータス]**
リンクファイルが見つからない時は❓マークが、リンクファイルが更新されている時は⚠マークが表示されます。

配置されたファイルを**[リンクファイル]**と呼びます。

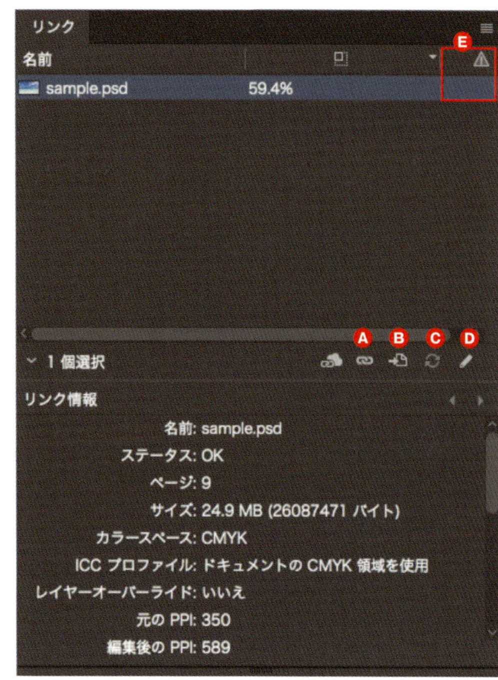

再リンク...
フォルダーに再リンク...
ファイル拡張子にリンクを再設定...
CC ライブラリから再リンク...
リンクを更新
すべてのリンクを更新
画像をライセンス認証...
リンクへ移動
リンクを埋め込み
リンクオプション...
元データを編集
編集ツール ▶
ソースに移動
Finder で表示
Bridge で表示
CC ライブラリで表示
ユーティリティ ▶
情報をコピー ▶
キャプション ▶
パネルオプション...

Adobe Illustrator CS3.app
Adobe Illustrator CS6.app
Adobe Photoshop CC 2017.app 18.1.3 (デフォルト)
Adobe Photoshop CS3.app
Adobe Photoshop CS6.app
ColorSync ユーティリティ.app 4.10.0
プレビュー.app 8.0
その他...

デフォルト以外のアプリケーションで編集したい場合は**[リンク]パネル**の右上の≡**(オプション)メニュー**から**[編集ツール]**→使いたいアプリケーションをクリックします。

オブジェクトをつくる

図形やイラストなどのデザインパーツをつくる基本操作を解説します。
機能を駆使して、デザインの幅を広げましょう。

デザイン作業の最中は、たくさんのオブジェクトがアートボード上に並ぶことになります。それぞれのオブジェクトの重なりや大きさ、位置などを調整しながら意図したデザインをつくり上げましょう。[整列]パネルは、たくさんのオブジェクトを一度に揃えて並べたり、等間隔に配置することができます。[効果]をつけることで、写真の上の文字の可読性を上げるなど、細かい部分が調節できるようになります。

LESSON

図形を作成する

ツールを選択する

A □(長方形ツール)
長方形を描きます。「shiftキー」を押しながらドラッグすると、正方形になります。

B ◯(楕円形ツール)
円を描きます。「shiftキー」を押しながらドラッグすると、正円になります。

C ⬡(多角形ツール)
多角形を描きます。「shiftキー」を押しながらドラッグすると、縦横比の同じ多角形になります。

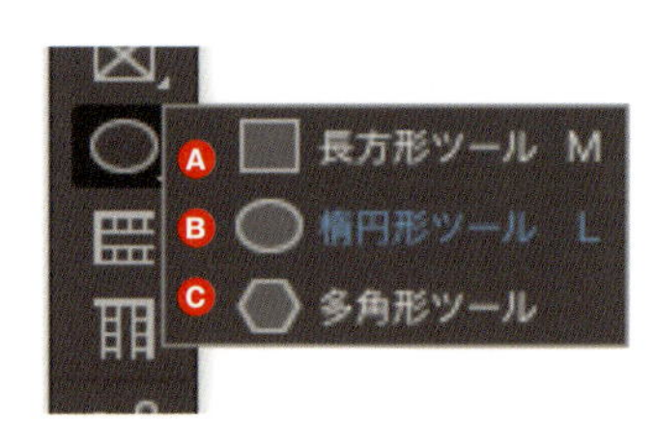

多角形ツールのアイコンをダブルクリックして表示するダイアログ

2

図形を描画する

いずれのツールも、ドラッグで図形を描くことができます。アイコンをダブルクリックすると数値を入力して、数値通りの大きさの図形を作成することができます。

MEMO

オブジェクトの変形ツールとして使う方法
[オブジェクト]メニューから**[シェイプを変換]**→該当の図形を選んでも、同様の効果を得ることができます。角版写真をかんたんに丸版にすることができます。(P.84参照)

LESSON

ツールで変形する

ツールを使う場合は、変形させたいオブジェクトを▶**(選択ツール)**で選択した状態で各ツールに持ち替えます。最初のクリックで基準点を決めてドラッグで変形します。
Ⓐ **(自由変形ツール)**以外は、ツールを持った状態で、「option(Alt)キー＋基準点」をクリックし、数値を入力します。また、変形前の図形をコピーして残す機能もあります。

Ⓐ **(自由変形ツール)**
回転や拡大ができます。
Ⓑ **(回転ツール)**
回転ができます。
Ⓒ **(拡大・縮小ツール)**
拡大縮小ができます。
Ⓓ **(シアーツール)**
傾きをつけることができます。

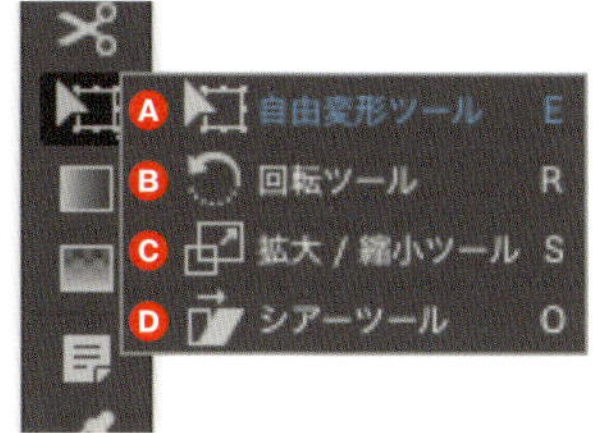

option＋クリックで
表示される角度入力画面

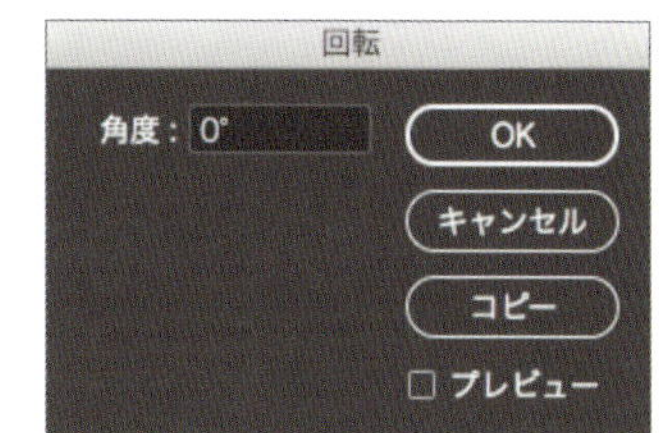

オブジェクト選択時に画面上部に表示される**[コントロールパネル]**からも、アイコンをクリックして変形を実行できます。

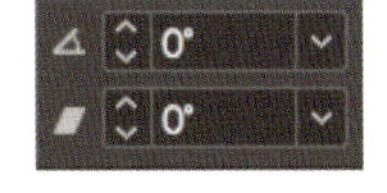

90°回転＋コピー

シアー水平方向-30°

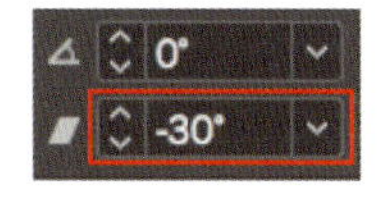

シアー垂直方向30°

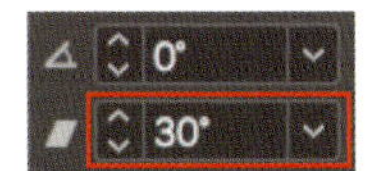

20°回転

上下に反転

左右に反転

LESSON

整列する

複数のオブジェクトの配置を整えたい場合は、**[整列]パネル**を使います。

A [オブジェクトの整列]
選択したオブジェクトの集合体の上下中央のいずれかを基準に、オブジェクトを整列させます。

B [オブジェクトの分布]
オブジェクトの上下中央のいずれかを基準点にして、オブジェクトを等間隔に並べます。間隔を指定することもできます。

C [等間隔に分布]
選択したオブジェクト全てを等間隔に並べます。水平方向もしくは垂直方向を選べます。

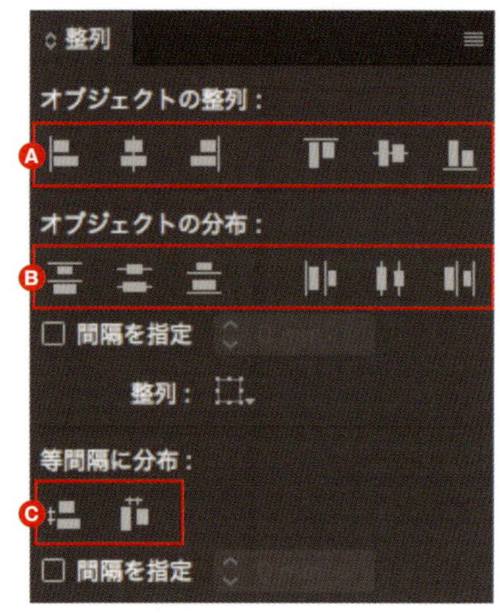

「整列」ではオフジェクトを揃えます。「分布」では等間隔に配置できます。

整列・分布させたいオブジェクトを全て選択したあと、基準(キーオブジェクト)にしたいオブジェクトをもう1回クリックすると、フレームが太くなります。その状態で整列を行うと、キーオブジェクトに沿った動きをするようになります。

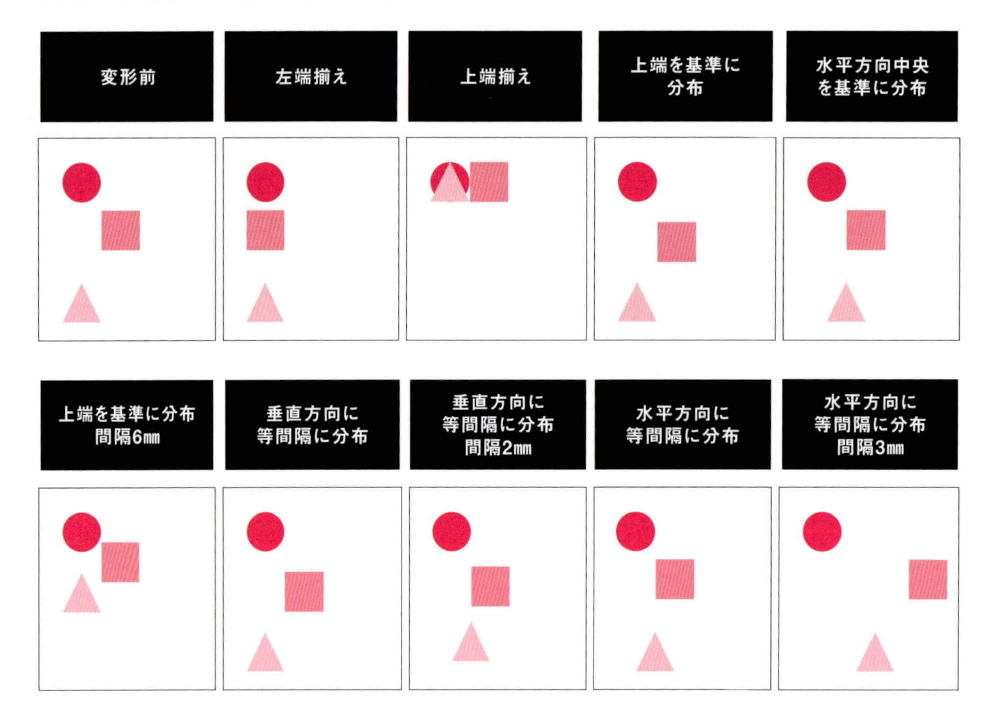

LESSON

効果をつける

「control＋クリック（右クリック）」→**［効果］**から効果をつけることができます。**［透明］**から、透明度の変更や描画モードの設定もできます。

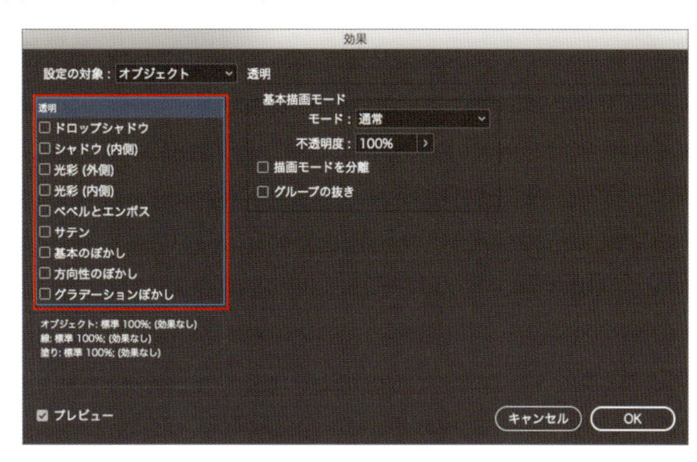

レイヤー機能を使う

レイヤー機能では、ロックをかけたり、デザインパーツを整理することができます。
マスターと併せて使い、デザイン作業の精度と速度をアップしましょう。

デザイン作業を効率よく管理するために、レイヤーは欠かせない機能です。[レイヤー]パネルでは、デザインパーツを動かさないよう固定できます。また、レイヤー名をつけて整理することで、数人で作業する場合に、デザインパーツの場所を見つけやすくすることができ、デザインの仕組みが共有しやすくなります。ミスなく作業を進行するために、データの整理整頓をするよう心がけましょう。

▶レイヤーパネルの使い方

A[表示/非表示の切り替え]
B[レイヤーのロックを切り替え]
Cレイヤーの名前です。その横の❯をクリックすると、レイヤー内のオブジェクトが重なり順で一覧になります。一覧状態では、個別のオブジェクトにロックをかけられます。

D[現在の描画レイヤーの表示]
E[新規レイヤーを作成]
F[選択されたレイヤーを削除]

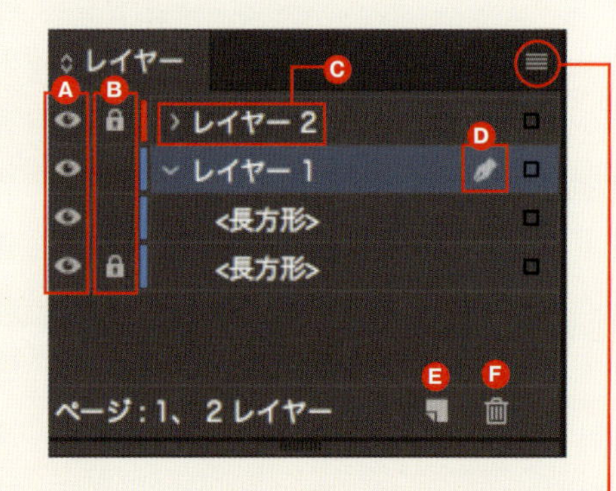

G[レイヤーオプション]
レイヤー名やレイヤーカラーを変更します。レイヤーカラーは、オブジェクトのフレーム色とリンクしています。どのレイヤーに置かれているのか、一目で確認することができます。
H[コピー元のレイヤーにペースト]
チェックを入れると、オブジェクトのコピー&ペースト時のレイヤー移動を防ぎます。
I[未使用レイヤーを削除]
何も含まれていないレイヤーを削除します。

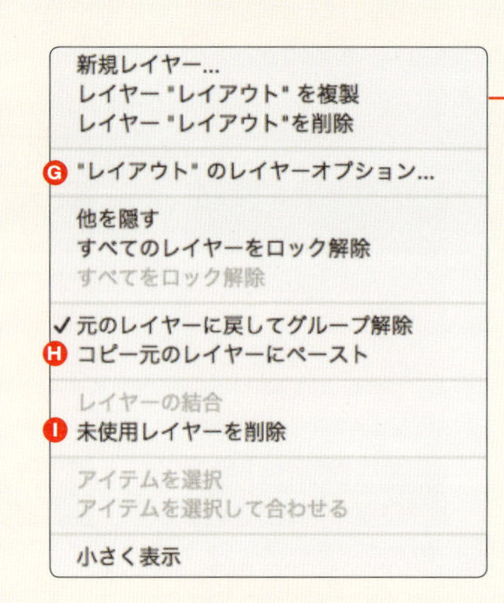

LESSON

レイヤーを整頓する

一つのドキュメント内全てに同じレイヤーがつくられます。どこか1ページだけ、レイヤーを追加することはできません。そのため、どの共通するデザインを要素ごとに分けるのがおすすめです。

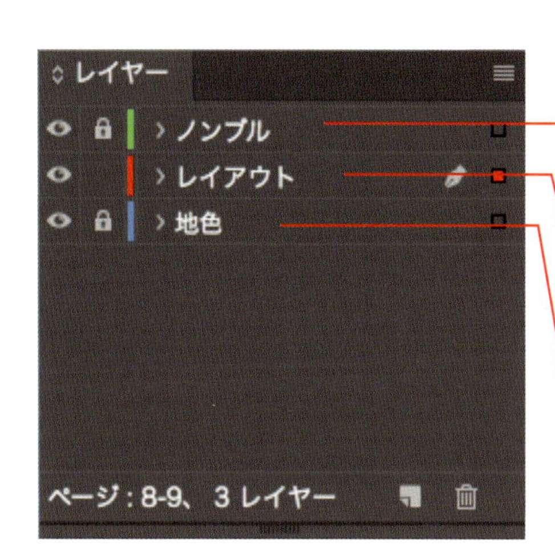

レイヤー分けの一例

ノンブルのほかにも、柱やツメなどのように、常に最前面に来て欲しい共通要素を全て入れています。

文字や写真などのレイアウトを全て入れています。

一度決定したら、レイアウト中にはあまり触らない、背景テクスチャなどを入れます。
写真の多い雑誌の誌面などは、「レイアウト」にまとめず「写真」と「文字」のレイヤーにしてもいいでしょう。

MEMO

☑[製作をスタートする前に必要なレイヤーをつくる]
新規作成したらまずはレイヤーを分類ごとにつくりましょう。写真、文字、背景などパーツを選択しやすくします。

☑[レイヤー名で用途を明確にする]
レイヤー1、レイヤー2、レイヤー1のコピー、レイヤー1のコピーのコピー…となってしまうと、何のデザインパーツなのか、製作した本人ですら分からなくなり、事故のもとです。必ず名前をつけましょう。

☑[レイヤーを増やしすぎないようにグループ化を駆使する]
1枚のレイヤー内でも、グループ機能を使えば、複数のオブジェクトを同時に動かしたりロックしたりできます。

☑[編集してはいけないレイヤーにはロックをかける]
ノンブルやツメ、背景など、位置がずれては困るものにはロックをかけます。

THEME 10

配色をする

ページ数の多いレイアウトは、色数も多くなりがちです。
スウォッチを使って、色を整理して作業効率を上げましょう。

InDesignで配色を行うには、**[カラー]パネル**と**[スウォッチ]パネル**を使います。頻繁に使う色は、**[カラー]パネル**で混色したあとで**[スウォッチ]パネル**でスウォッチとして登録します。一括変更が可能になり、管理がぐっと楽になります。また、**[スウォッチ]パネル**では2色刷りなどの特色インキの管理が可能です。**[グラデーション]パネル**からはグラデーションの配色をつくることができます。

▶カラーパネル

A[塗り]と[線]
B[オブジェクトに適用]と[テキストに適用]
テキストフレームの場合、テキストの色以外にテキストフレーム自体にも色と線を適用できます(P.49参照)。

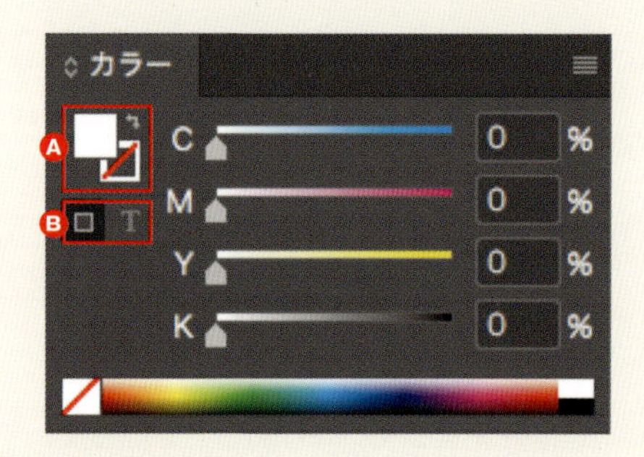

▶スウォッチパネル

C[塗り]　D[線]　E[オブジェクトに適用]
F[テキストに適用]　G[濃淡]
H[スウォッチ表示]
表示するスウォッチを絞り込めます。
I[新規カラーグループ]　J[新規スウォッチ]
K[選択したスウォッチ/グループを削除]
スウォッチの整頓の実例はP.69参照。

▶グラデーションパネル

L グラデーションのプレビュー
M[種類]　線形と円形があります。
N[角度]　線形のときのみ選択できます。
O 色の分岐点　P 色の開始点

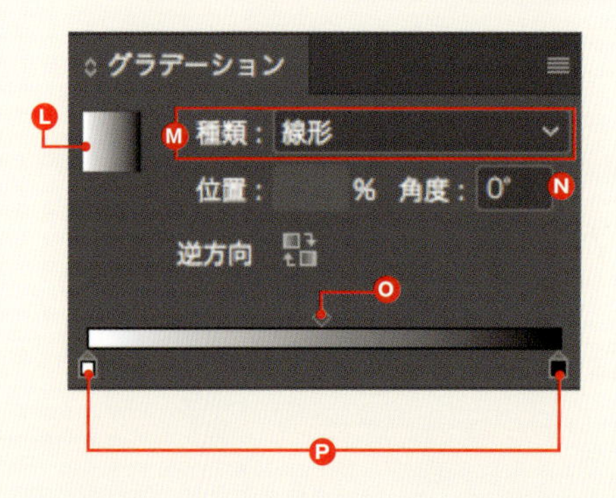

LESSON

特色インキを読み込む

1 スウォッチを追加する

[スウォッチ]パネルの右上の≡**(オプション)メニュー**から**[新規カラースウォッチ]**を選択します。

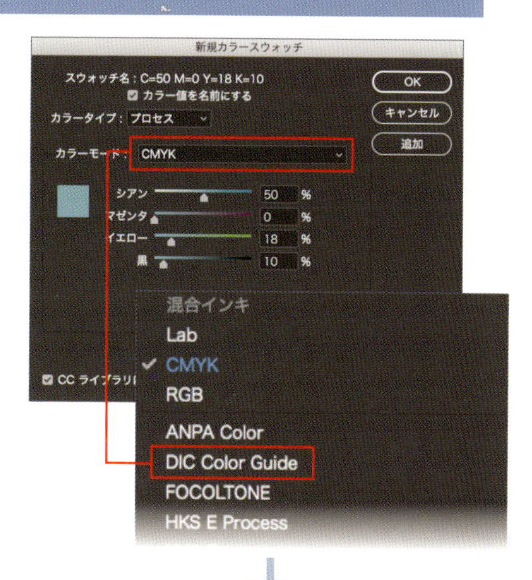

2 特色を選択する

CMYKになっているカラーモードを使いたい特色インキの銘柄に変更して、色を選びます。

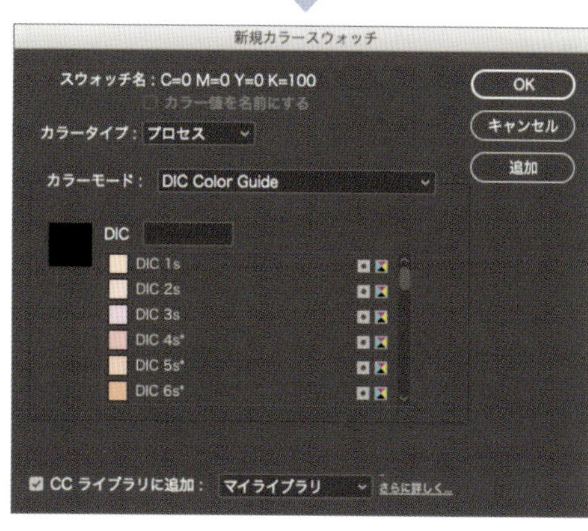

DIC Color Guideを選んだ画面です。手元のカラーチップと照合して、使う色を選択します。

MEMO

特色インキとは？

CMYKの4色(プロセスカラー)では表現できない、蛍光色や金色や白などを表現するために調合されたインキのことです。CMYK+特色インキの5色で雑誌の表紙を華やかにしたり、K+特色インキの2色刷りで4色刷りよりも安くカラー風印刷をしたり、透明の素材に白インキを乗せるなど、様々な活用方法があります。主な特色インキの銘柄はDIC(ディック)、PANTONE(パントーン)、TOYO(トーヨー)など。各社が販売するカラーチップを見本にして色を選びます。

線と塗り、テキストとオブジェクトのカラー

文字の含まれているオブジェクトは、オブジェクト本体の線・塗りのほかに、文字にも線・塗りを設定できます。

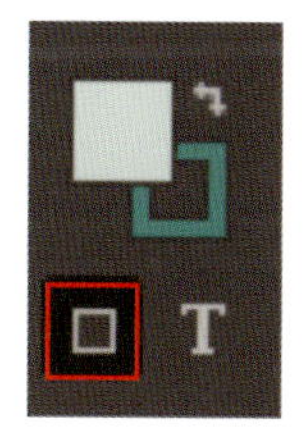

オブジェクト

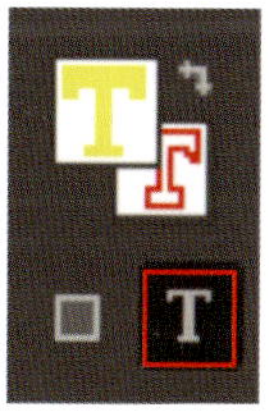

テキスト

THEME 11

表組みを作成する

表組みによって、たくさんの情報をわかりやすく伝えることができます。InDesignでは表組みを簡単につくることができます。

料金表や事務資料などで頻繁に使われる表組みは、情報を正確に伝えなくてはいけない場合に最適です。情報量が膨大でも、項目ごとに整理してレイアウトすることができます。InDesignには非常に優秀な表組み機能が搭載されています。色や線の変更はもちろん、セルを結合したり、塗りを交互に繰り返したり、セルに斜線を入れたりとさまざまな種類の表組みをつくれるようになります。

▶表パネルの使い方

Ⓐ[行数]　Ⓑ[列数]
Ⓒ[行の高さ]　Ⓓ[列の幅]
Ⓔ[組み方向]
文字の組み方向のほか、右側にあるアイコンメニューから揃え方向**[上揃え]**、**[中央揃え]**、**[下揃え]**、**[均等配置]**が選べます。

Ⓕ[セルの余白]
上下左右それぞれに余白を設定できます。鎖アイコンを押すと全箇所連動して変更されます。

Ⓖ[セルの結合]
隣り合ったセルを結合したいときに使います。

4月1日	晴れ	25℃/10℃
4月2日	晴れのち曇り	23℃/8℃
4月3日	曇りのち晴れ	24℃/10℃
4月4日	雨	22℃/7℃
4月5日	曇り	23℃/9℃

↓

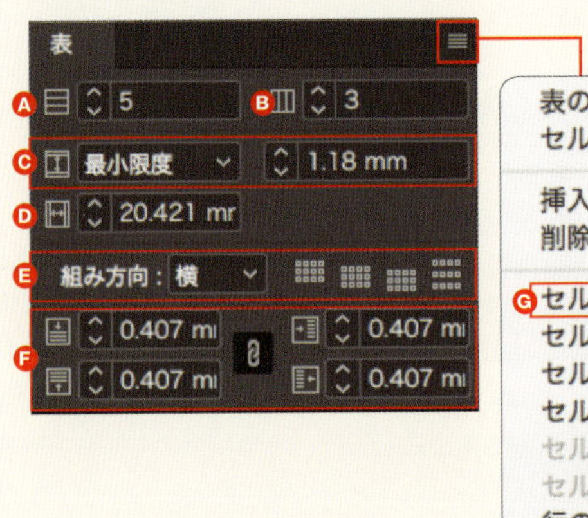

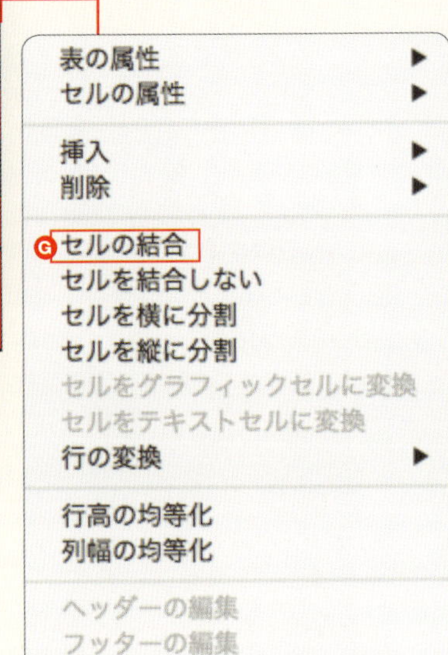

▶表の用語

Ⓗ[列]　シートの縦の並び
Ⓘ[行]　シートの横の並び
Ⓙ[セル]　表の1つひとつのマス目のこと。

LESSON

表組みを作成する

1

表の内容のテキストを入力する

T.(横組み文字ツール)で、つくりたい項目のテキストを入力します。セルで区切りたい部分は「tabキー」でタブを挿入し、行を区切りたい場所で改行します。

改行　タブ

山手線の料金¶
降りる駅 » 新宿から » 池袋から¶
代々木 » ￥１３０ » ￥１６０¶
恵比寿 » ￥１６０ » ￥１７０¶
品川 » ￥２００ » ￥２６０#

2

テキストを表に変換する

[表]メニューから[テキストを表に変換]をクリックします。

山手線の料金		
降りる駅	新宿から	池袋から
代々木	￥130	￥160
恵比寿	￥160	￥170
品川	￥200	￥260

3

セルを結合する

T.(横組み文字ツール)で結合したいセルを選択します。「control＋クリック(右クリック)」→[セルの統合]をクリックします。

山手線の料金		
降りる駅	新宿から	池袋から
代々木	￥130	￥160
恵比寿	￥160	￥170
品川	￥200	￥260

セルの設定をする

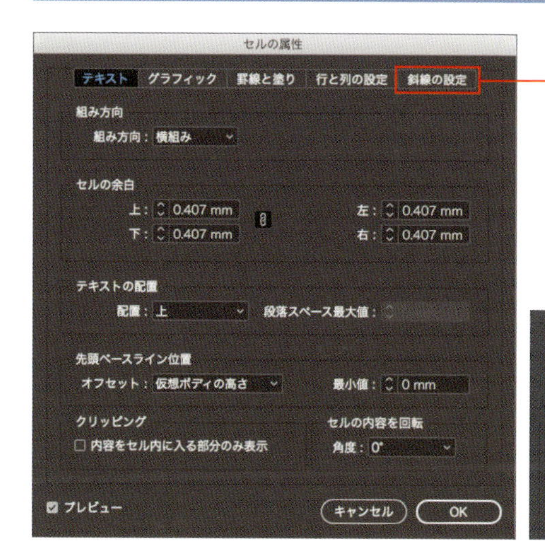

T.(横組み文字ツール)で変更したいセルを選択した状態で「control＋クリック(右クリック)」→[セルの属性]→変更したい内容をクリックします。ここでは、[表]パネルの設定を、さらに細かく調整できます。

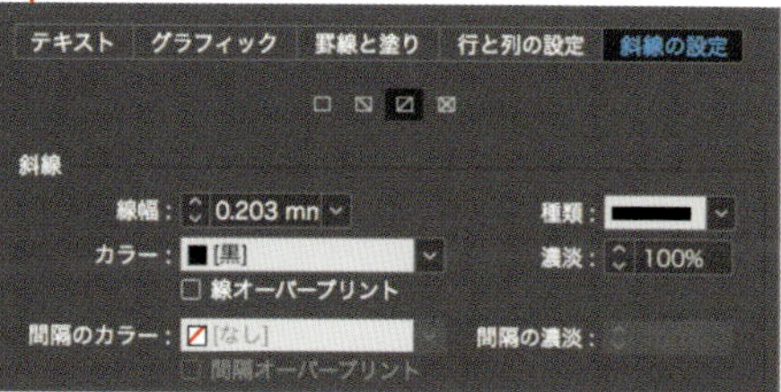

[斜線の設定]だけは、[表]パネルにはありません。セル内に斜線やバツ印をつけることができます。斜線の太さや色も変更できます。

	りんご	なし
5kg	￥2,150	￥2,580
10kg	￥4,280	￥5,000

LESSON

表の属性を使用する

T.**(横組み文字ツール)**で表を選択した状態で、「control＋クリック(右クリック)」→**[表の属性]**→**[表の設定]**をクリックします。

Ⓐ[表の範囲]
行・列の数と、ヘッダー・フッターの数を設定できます。ヘッダー・フッターとは、表が複数のテキストフレームに渡った際でも、必ず一番上・下につく行のことです。

Ⓑ[表の境界線]
[線]パネルでできる内容と同じです。

Ⓒ[表と段落のアキ]
表を入れたテキストフレーム内に通常の文字がある場合、距離を指定できます。

Ⓓ[塗りのスタイル]
塗りの色を交互にする設定ができます。

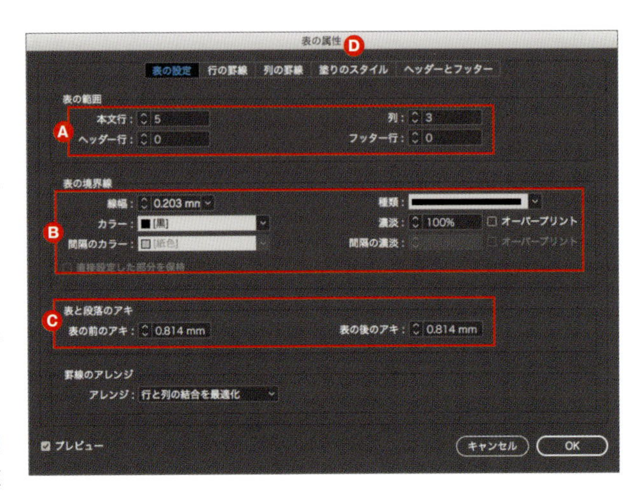

表に塗りのスタイルを設定する

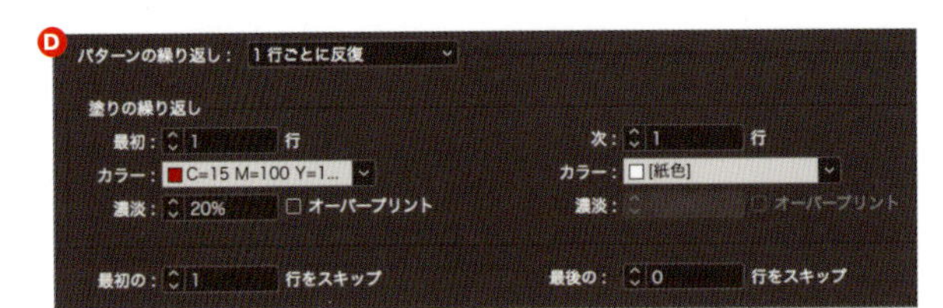

Menu	Large	Medium	Small
ハンバーガー	¥500	¥450	¥250
チーズバーガー	¥550	¥480	¥300
エッグバーガー	¥530	¥470	¥290
ベーコンバーガー	¥510	¥460	¥270
フィッシュバーガー	¥490	¥430	¥245
フレンチフライ	¥300	¥200	¥150

細かい項目がたくさんある表では、交互に色をつけることで、視認性を上げることができます。

1 変更したい表を選択する

T.**(横組み文字ツール)**で表全体を選択します。

2 表の色を交互にする

「control＋クリック(右クリック)」→**[表の属性]**→**[塗りのスタイル]**を選択します。**[パターンの繰り返し：1行ごとに反復]**に設定し、**[塗りの繰り返し]**項目で、色を設定します。見出しの行がある場合は、**[最初の：1行をスキップ]**を設定します。

▷ ▷ ▷

PART 2

ケーススタディ

—

デザインの現場でよく使われるテクニックを交えながら
デザインの進め方とつくり方を作例を使って解説します。

20代女性ファッション雑誌のインタビューページ

企画ページを見開きで見せるデザインを制作するときは
左右ページの流れを意識しながらレイアウトします。
タイトルや写真の装飾を工夫して華やかにデザインしてみましょう。

CASE

カテゴリー：女性ファッション雑誌
仕様：AB変形（W232㎜ ×H297㎜）見開き　　綴じ：右開き

ターゲット

10代後半～20代前半女性

先方からの要望

▷やわらかい雰囲気にしたいので、パステル系でまとめてほしい
▷写真にメリハリをつけたい

デザイン
コンセプト

▷写真のポップな色みを生かすため、配色はピンクの同系色でまとめた
▷モデルの洋服がシンプルなので、写真にフレームやあしらいを加えアクセントに
▷書体は若々しくカジュアルな印象に

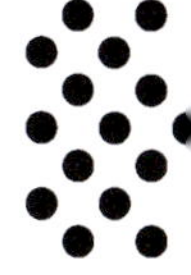

HOW TO DESIGN

InDesignを使ってデザインが完成するまでの
流れとつくり方をサンプルとともに詳しく解説していきます。

1

写真を配置する

写真の配置によって印象がガラリと変わります。トリミングに変化をつけ、メリハリのあるレイアウトを意識します。

3

書体を変える

ターゲットに合わせたデザインの雰囲気を書体でつくります。文字の大きさは、対象の年齢に合わせて調整します。

4

タイトルを加工する

目立たせたい情報には、ひと手間かけたデザインを施します。ここではカラーリングで印象的に仕上げています。

2

文字を配置する

流れに沿って、読ませたい文字情報の配置を設計し、目線を誘導させます。情報のまとまりが出るよう「揃え」を意識します。

6

写真を飾る

テクスチャー素材を使って、写真にフレームをつけ印象的にします。また、[角オプション]機能で、フレームの形に変化を付けます。

5

キャッチコピーを目立たせる

文字が写真に埋もれてしまっては伝わりません。可読性を高めたデザインを心がけましょう。

7

背景に飾りを加える

あしらいで華やかさをプラスします。写真や文字より目立ちすぎないように注意が必要です。

つくり方は次のページへ

写真を配置する

見開きページの企画は、流れを意識して写真を配置をします。メインとサブの写真の大きさを変えると、誌面に動きが出てメリハリのあるレイアウトになります。

POINT

人物写真の場合、顔の位置が水平に揃わないように意識して配置します

トリミング調整

COLUMN

トリミングとは？

人物の顔や洋服に焦点を当てたり、必要な部分だけを切り取ること。写真のどこを一番見せたいか、デザインの意図に合わせ調整します。

(ダイレクト選択ツール)で写真を選択し、コントロールパネルから拡大縮小を設定します。人物の表情がわかるように、少し寄って大きく見せます。

POINT

複数の写真を配置する場合、「引き」と「寄り」で差をつけたトリミングにすることで、奥行きを演出できます

2

文字を配置する

この企画は、タイトル、リード、本文見出し、本文、キャッチ、プロフィールの文字要素で構成されています。タイトルはページの先頭に配置します。右開きの媒体は、右上から左下に向かって目線が動きます。本文は、写真とリズミカルに読めるよう、2ページ目の先頭に配置します。

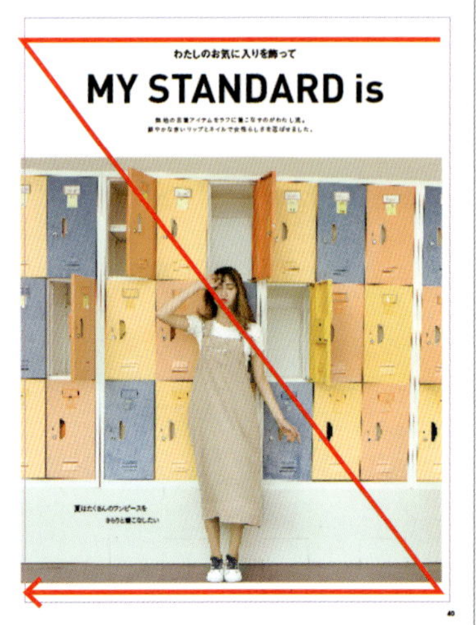

文字や写真を整列する

1 ▶（選択ツール）で「shiftキー」を押しながら整列させたいオブジェクトを選択します。

2 **［整列］パネルで［オブジェクトの整列］から［水平方向中央に整列］**のアイコンをクリックすると、オブジェクト同士が中央に揃います❶。

3 **［整列］パネルで［等間隔に分布］で［間隔を指定］**にチェックを入れ数値を入力します（ここでは「3mm」に設定）❷。**［水平方向に等間隔に分布］**をクリックすると、3mm間隔で揃います❸。

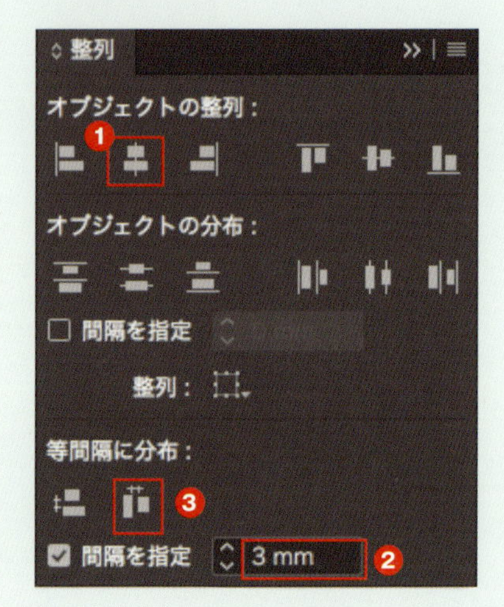

3

書体を変える

書体はデザインの雰囲気を大きく左右する重要な要素です。今回は10代後半〜20代前半女性向けなので、やわらかく可愛らしい書体を選択します。主に若々しくカジュアルな印象なゴシック体を使用し、見出しには丸みのあるゴシック体にして、全体の雰囲気を女性らしくします。

POINT

ゴシック体は、明朝体に比べると力強い印象なので、文字色をグレー色（K70%）に設定しやわらかい印象にしています

―今回の新作アイテムの印象はどうでしたか？

軽くて足にフィットする感じが長時間歩いても疲れにくいと感じました。デザインも、シンプルで、無地のコーディネートや柄物アイテムにも何にでも組み合わせやすそうですね。今回はカジュアルなコーディネートですが、少しかっちりしたコーディネートに、足元だけ外しても可愛いかも。普段はシンプルな古着が多く、ボーイッシュになりがちなので、鮮やかな赤いリップとネイルなどで女性らしさをプラスするように意識しています。甘めな洋服の場合は、クールなメイクにしたり、コーディネートはいつもメイクとトータルで考えています。メイクもコーディネートのひとつって女の子の特権ですよね。

文字スタイルを設定する

1 本文テキスト中の、インタビューの質問文を強調します。テキストをT.**（横組み文字ツール）**で選択し、**［文字スタイル］パネル**の下にある**（新規作成）アイコン**をクリックします。

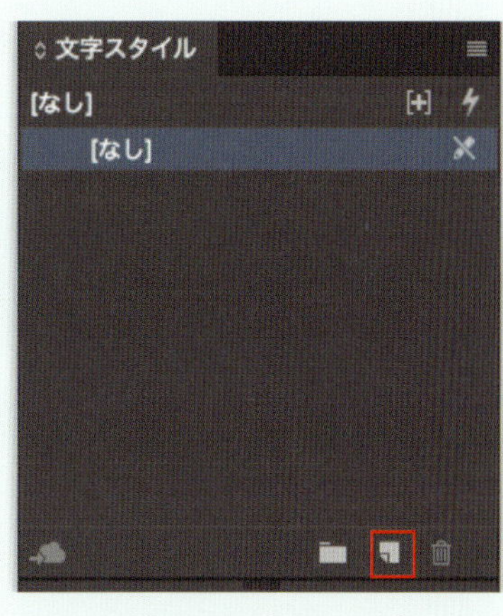

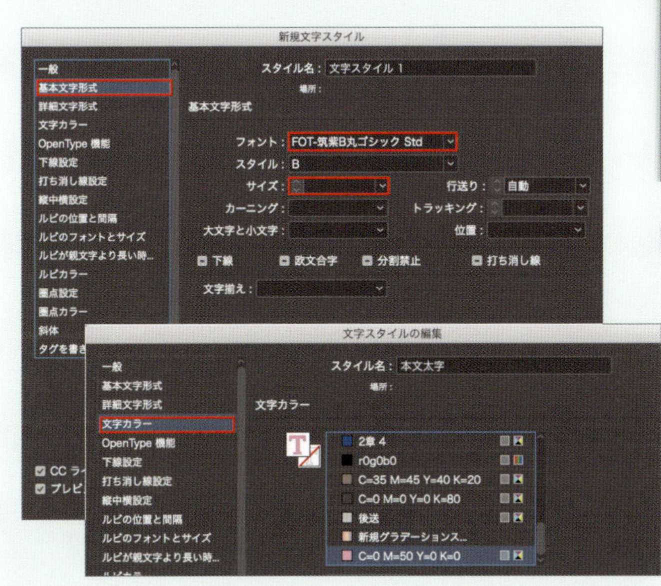

2 **［文字スタイル］**のウィンドウが開かれたら、**［基本文字形式］**で書体、文字サイズを変更します。続いて**［文字カラー］**で色を設定したら、**［OK］**をクリックします。他の文字をT.**（横組み文字ツール）**で選択し、作成したスタイルをクリックすると、先ほど設定した同じ色や書体に読み込まれます。

4

タイトルを加工する

雑誌のように複数の企画で構成されることが多い媒体は、企画内容が一目でわかるようにタイトルを目立たせる必要があります。ここでは書体を印象的なものに変え、色をデザインの雰囲気に合わせたグラデーションカラーに設定します。サブタイトルは、字間を開けてゆったりとした雰囲気を演出します。

わ た し の お 気 に 入 り を 飾 っ て

MY STANDARD is

無地の古着アイテムをラフに着こなすのがわたし流。
鮮やかな赤いリップとネイルで女性らしさを忍ばせました。

わたしのお気に入りを飾って

わ た し の お 気 に 入 り を 飾 っ て

トラッキングを調整

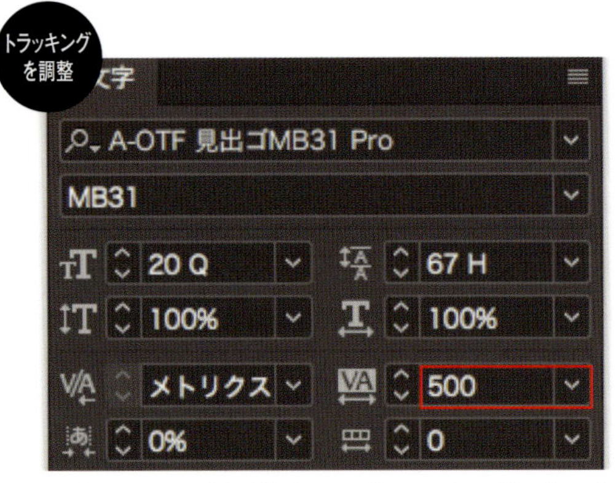

サブタイトルは、**[文字]**パネルの**[トラッキング]**を**[500]**に設定します。

COLUMN

「字間」とは？

文字と文字の間隔のこと。字間を広めに空けることで、ゆったりとした印象になります。また字間を詰めると、緊張感や力強さが表現されます。

グラデーションカラーに設定する

1 **(選択ツール)**でタイトルを選択し、**[スウォッチ]パネル**で**T(テキストに適用)アイコン**をクリックし、右上の**(オプション)メニュー**から**[新規グラデーションスウォッチ]**を選択します。

2 オプションのウィンドウで、**[グラデーションの配置]**のカラーバーのスライダーをクリックし配色を設定します。スライダーは左右に動かすと位置が変更されます。ここでは左から**[マゼンタ:60%、位置：0%][マゼンタ:20%イエロー40%、位置50%][シアン：40%マゼンタ50%、位置100%]**に設定しています。

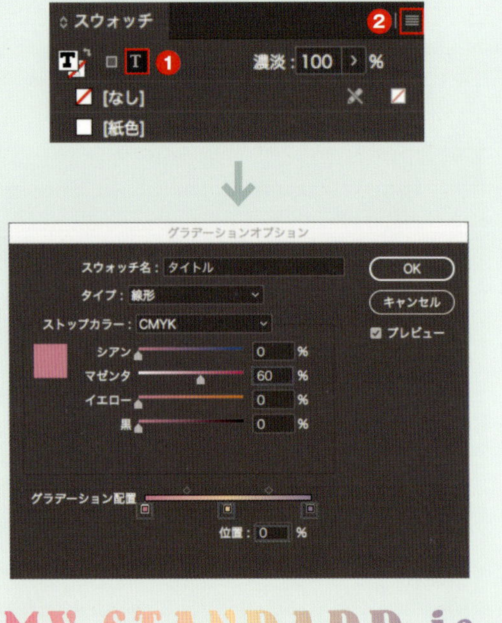

MY STANDARD is

キャッチコピーを目立たせる

写真の上に載せた文字は、可読性に欠けているため、帯を敷いて存在感を高めます。写真に目を惹かせたいため、あしらいは写真の邪魔にならないようなシンプルなものにします。

夏はたくさんのワンピースを
さらりと着こなしたい

キャッチに帯を加える

1 ▶(選択ツール)でキャッチの文字を選択し、[文字パネル]の右上の≡(オプション)メニューから[下線設定]を選択します。

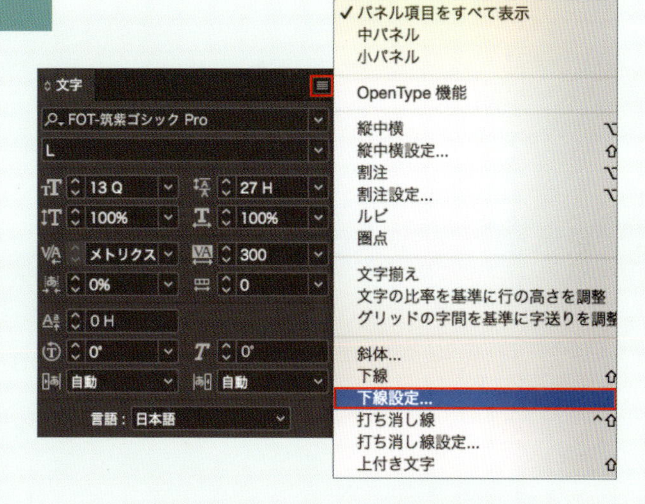

2 [プレビュー]にチェックを入れ、文字の中央に下線が来るように、[線幅]や[オフセット]の数値を設定します。[オフセット]は、文字のベースラインが[0]が基準でマイナス指定にすると、文字に食いこむように下線が上がっていきます。

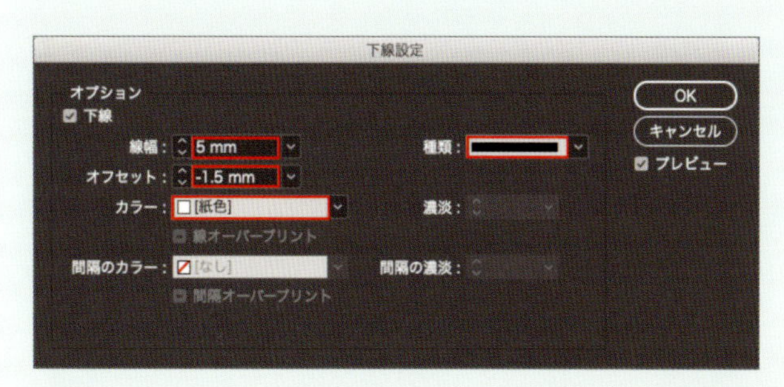

3 さらに写真から浮きだたせるように処理をします。[オブジェクト]メニューから[効果]→[光彩(外側)]を設定し、ふんわりとした影を入れます。

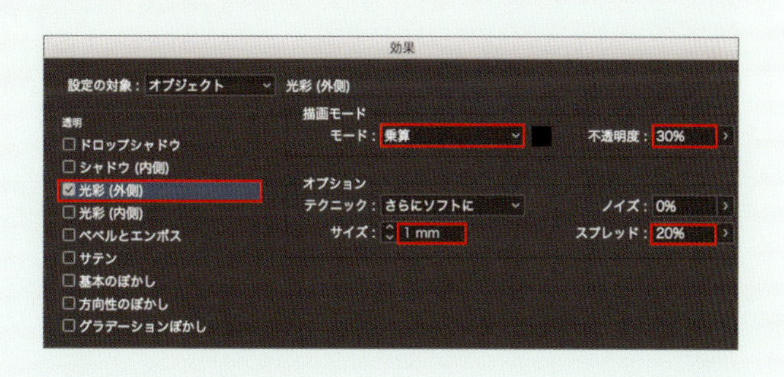

6

写真を飾る

角版写真に**[角オプション]**機能を使って角を丸くし、花柄の布素材のフレームをあしらいます。可愛らしさと華やかさが演出されます。

POINT

フレームは、布や紙、スタンプなどの手触り感のあるテクスチャーを用いることで、温かみを演出できます

写真にフレームを追加する

1 **(選択ツール)**で写真を選択し、**[オブジェクト]メニュー**から**[角オプション]**→**[角のサイズ：4㎜][シェイプ：丸み(外)]**に設定します。

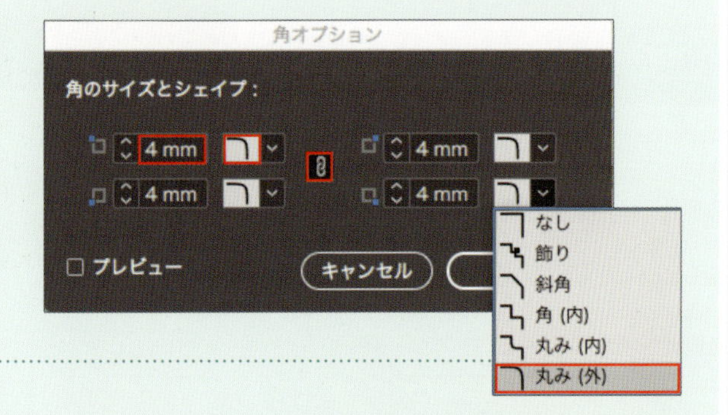

2 **(選択ツール)**で写真を選択し、「⌘(Ctrl)+Cキー」でコピーし、**[編集]メニュー**から**[元の位置にペースト]**を選択します。**[変形]パネル**で**[基準点]**の中央をクリックし幅と高さ6㎜ずつ伸ばします。

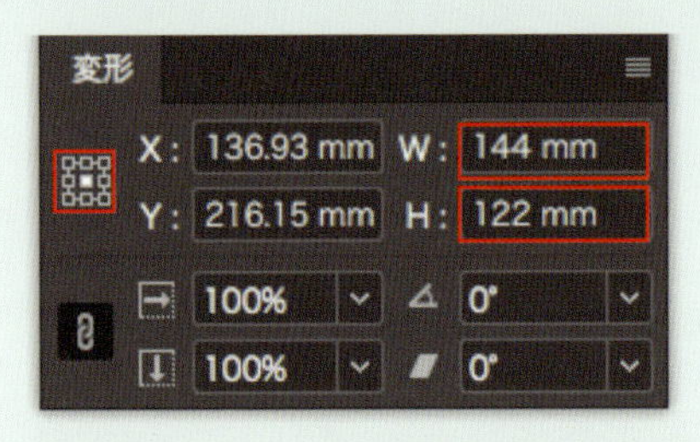

3 テクスチャーの素材を用意し、**[ファイル]メニュー**から**[配置]**で素材ファイルを選択してフレーム内に入れます。

背景に飾りを加える

華やかな印象にするため、背景に淡い水彩の素材を散らします。白地が目立つところに部分的に入れます。

素材をぼかす

1 (選択ツール)で素材を選択し、**[オブジェクト]**メニューから**[効果]→[基本のぼかし]**を設定し、素材をぼかします。

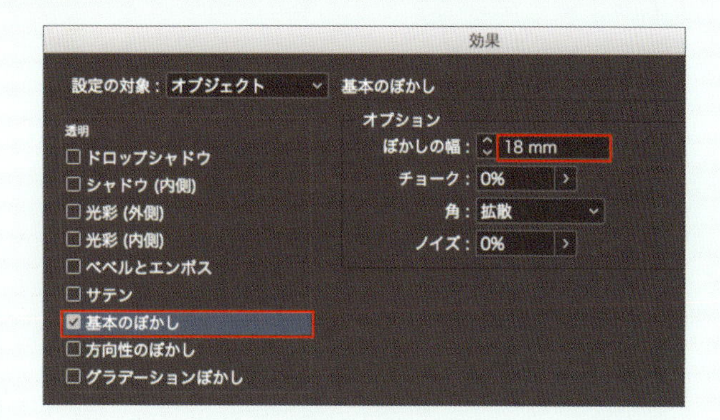

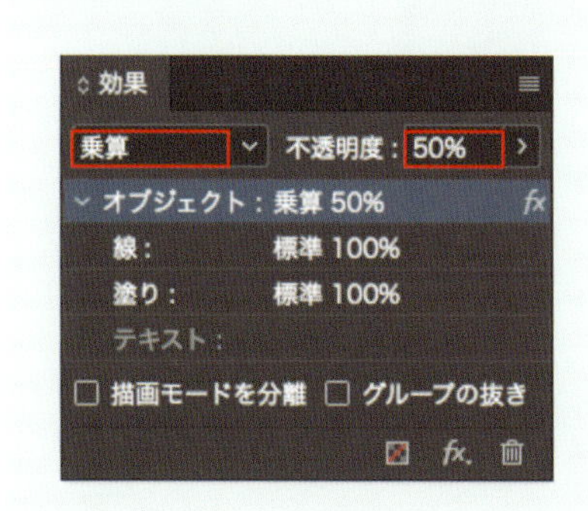

2 **[効果]**パネルで**[不透明度：30%]**にしました。同じ素材を重ねて**[描画モード：乗算]**に設定すると、重なった部分で色の濃淡がつくられます。

最後にハートの飾りを散らしたら完成です！

先進的なイメージの企業案内パンフレット

数値資料を多く掲載する企業案内も
InDesignなら表計算データを簡単に取り込めるので楽につくれます。
情報を正確に伝えるデザインに仕上げましょう。

CASE

カテゴリー：企業案内パンフレット
仕様：B5(W182㎜×H257㎜)見開き　綴じ：左開き

ターゲット

事業展開を考えている企業の担当者

先方からの要望

▷新しい事業の信頼を裏付けたい
▷事業内容をわかりやすく見せたい

デザイン
コンセプト

▷新しい事業ということで、フレッシュさを感じる配色に
▷事業の可能性を感じるような、右肩上がりに成長するイメージに

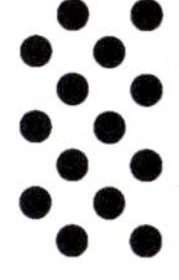

HOW TO DESIGN

InDesignを使ってデザインが完成するまでの
流れとつくり方をサンプルとともに詳しく解説していきます。

1 文字や写真を配置する

情報に優先度をつけてメリハリをつけると、内容が整理され理解しやすくなります。

2 タイトルを調整する

冊子の場合、ノド側に文字を逃すなど、媒体に合わせた配慮をします。

3 写真を加工する

[描画モード]の機能を駆使して、写真を加工し表情に変化をつけます。

5 文字の可読性を高める

写真の上に載せた文字を、[段落の背景色]の機能によって、しっかり読めるようにデザインします。

6 視線を誘導する

読ませる順番を誘導させるために、背景のデザインによって流れをつくります。

7 写真を印象的にする

写真フレームを変形させて、スピード感やシャープなイメージに演出します。

4 エクセルのグラフを貼り付ける

資料として提供されたエクセルのグラフや表のデータを、InDesignに取り込みます。

つくり方は次のページへ

1

文字と写真を配置する

重要度の高い順に内容を展開してレイアウトします。伝えたいメッセージ→事業特長→詳細の流れで視線を誘導していきましょう。優先的に読ませたいものほど文字サイズを大きくします。大きさの比率は、タイトル>サブタイトル>リードぐらいが目安です。ジャンプ率をつけると瞬時に情報を理解しやすくなります。

> **COLUMN**
>
> **ジャンプ率とは**
>
> 大きな要素と小さな要素のサイズの差のことを「ジャンプ率」と呼びます。差が大きいと「ジャンプ率が高い」と言い、躍動的で若々しい印象がつきます。逆に差があまりないものは「ジャンプ率が低い」と言い、保守的で落ち着いた印象を与えます。

背景写真を**[ファイル]**→**[配置]**から配置します。背景に使う写真は、文字の可読性を考慮して、抽象的で情報の邪魔をしない1色の配色のものを選びます。

タイトルを大きく配置しメリハリをつけます。サブタイトルの囲みを矢印風にして、前進していくイメージにデザインします。タイトルの下には、より具体的な事業内容やセールスポイントを入れます。

ZOOM

03

事業の紹介をタイトルの「可能性」とリンクするように右肩上がりに配置します。数字をアイキャッチとして大きく配置し、視線の流れをスムーズに誘導します。

2

タイトルを調整する

タイトルを印象的にするためにひと工夫します。斜体にすることで、よりスタイリッシュな印象になります。また、折り目に文字がかかってしまうと、冊子にした際、食い込んで読みにくくなります。ノド側（折り目側）は文字を配置しないよう配慮します。

COLUMN

適した書体を選ぶ

一般的にゴシック体はカジュアルで親しみやすい印象を与えます。明朝体は格式のある、知的な印象を与えます。デザインのイメージに合った書体を選びましょう。

文字を斜体にする

斜体をつけたい文字を選択した状態で、**[文字]パネル**の**[歪み]**に角度を入力します。

ビジネスの可能性を。
↓
ビジネスの可能性を。

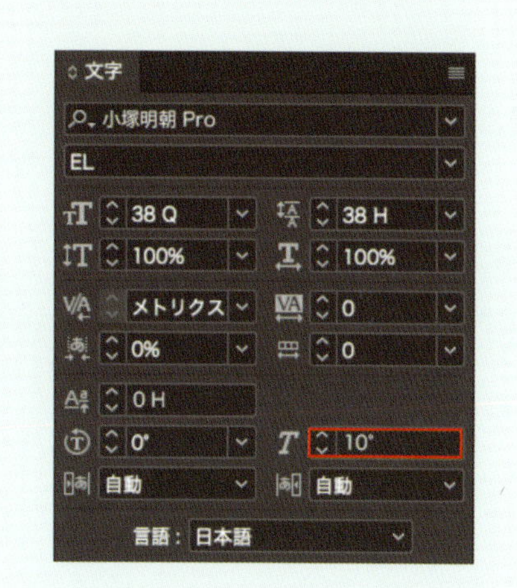

文字を自動で逃がす

1

折り目周辺にかかるよう **(長方形ツール)**でドラッグして四角形を描きます。

2

描いた四角形を **(選択ツール)**で選択します。**[テキストの回り込み]パネル**から**[境界線ボックスで回り込む]**を選択します。これで、四角形の上に乗っている文字は、自動的に指定オブジェクトを避けて配置されます。

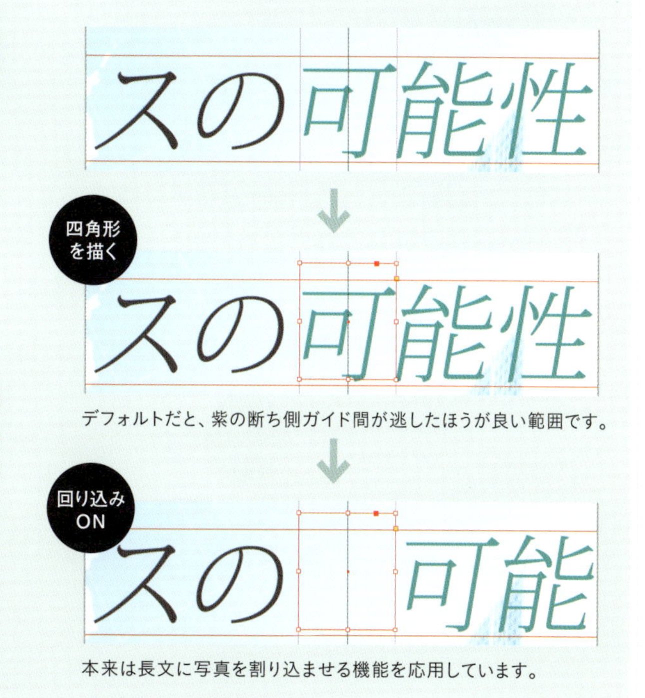

デフォルトだと、紫の断ち側ガイド間が逃したほうが良い範囲です。

本来は長文に写真を割り込ませる機能を応用しています。

3

写真を加工する

背景写真は印象を大きく左右する大切なパーツですが、イメージどおりの写真を探すのは大変な作業です。InDesignなら写真専用の加工ソフトがなくても着色できます。

描画モードで加工する

1. ▭.**(長方形ツール)**で、背景写真と同じサイズの四角形をドラッグして描きます。

2. 今回はグラデーションに着色するので、描いた四角形を**[グラデーション]パネル**を使って色を編集します(P.60参照)。

3. 色をつけた四角形を選択した状態で「control+クリック(右クリック)」→**[効果]**→**[透明]**を選択します。**[基本描画モード]**内の**[モード]**プルダウンを**[カラー]**に変更すると、写真がグラデーションカラーに着色されます。

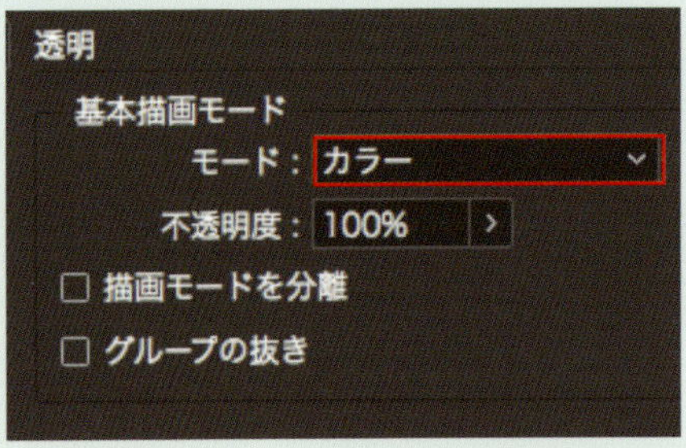

透明
基本描画モード
モード：カラー
不透明度：100%
☐ 描画モードを分離
☐ グループの抜き

写真と重なっている状態

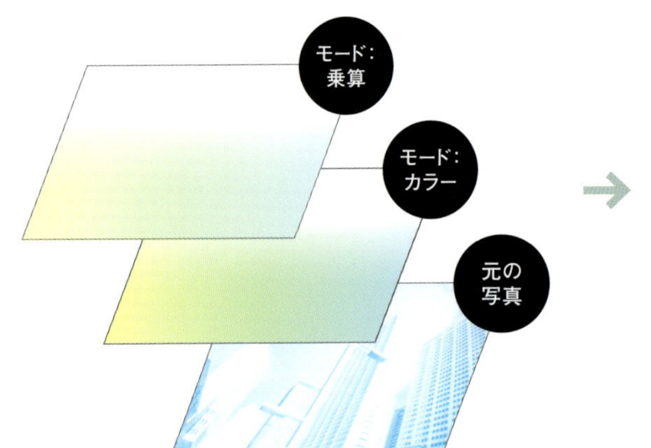

今回はソフトに色を変更させるために、**[効果]**→**[グラデーションぼかし]**を合わせて使用しています。グラデーションの描画モードを**[乗算]**にした四角形も合わせて重ねています。

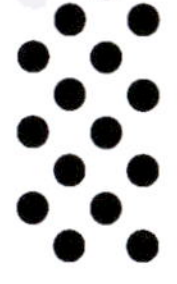

スウォッチの管理をする

スウォッチは、一括で色を管理できる便利な機能です。配色のイメージに悩んでいるときは、いくつかテーマ別の**[カラーグループ]**をつくっておくと、整頓しやすくなります。カラーグループは、スウォッチをフォルダ分けできる機能です。

1. スウォッチパネルの右下の■アイコンをクリックします。

2. スウォッチの中に「カラーグループ」というフォルダアイコンができます。

   カラーグループ 1

3. 「control+クリック（右クリック）」→**[カラーグループオプション]**で名前を変更します。

4. グループ分けしたいスウォッチをドラッグ＆ドロップでグループ内に入れます。

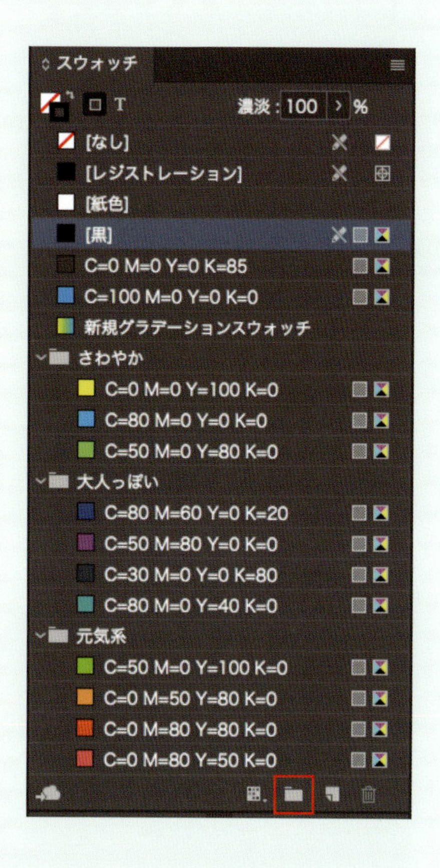

【 スウォッチに名前をつける 】

「本文」「見出し」「アクセント」など、スウォッチに日本語で名前をつけることができます。「controlキー＋クリック（右クリック）」→**[スウォッチ設定]**のダイアログで**[カラー値を名前にする]**のチェックを外すと、名前が自由に入力できるようになります。誌面のテーマカラーや、コーポレートカラー、強調のための赤など、頻繁に使う色は、全てスウォッチにする習慣をつけるといいでしょう。

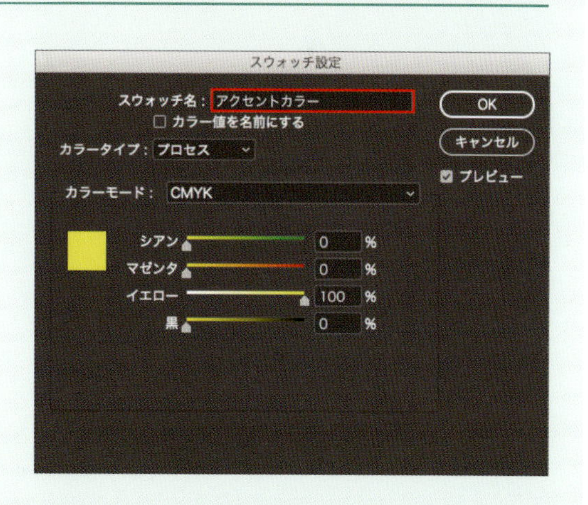

スウォッチを削除
スウォッチを削除し次で置換：
定義されたスウォッチ：[黒]
名前なしスウォッチ
キャンセル OK

【 スウォッチを一括置換する 】

すでに使われているスウォッチを削除しようとすると、左のダイアログが出ます。このとき、**[定義されたスウォッチ]**で選んだスウォッチで、削除したスウォッチが使われている部分を一括置換することができます。

4

表計算ソフトで作成したグラフを貼る

エクセルなど表計算ソフトで作成したグラフを、写真のように貼り付けることができます。

エクセルデータを配置する

【 グラフを配置する 】

1. エクセル上でグラフを選択し「control キー＋クリック（右クリック）」→**[コピー]**、InDesign上で**[編集]**→**[ペースト]**します。

2. **[オブジェクト]メニュー**から**[クリッピングパス]**→**[オプション…]**をクリックし、**[タイプ]**を**[エッジの検出]**にすることで、グラフの白い背景を透明にします。「しきい値」はプレビューを見ながら調整可能です。

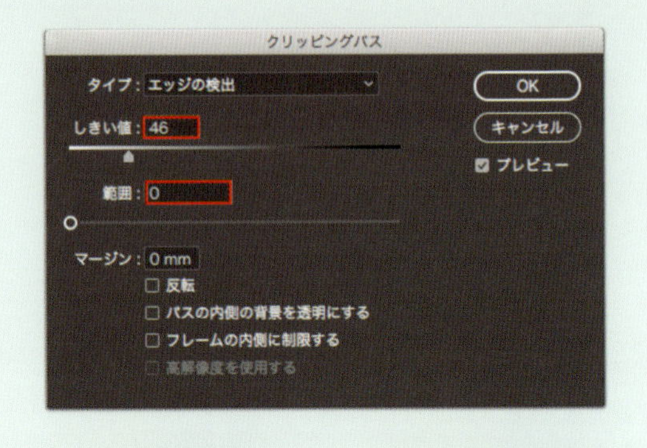

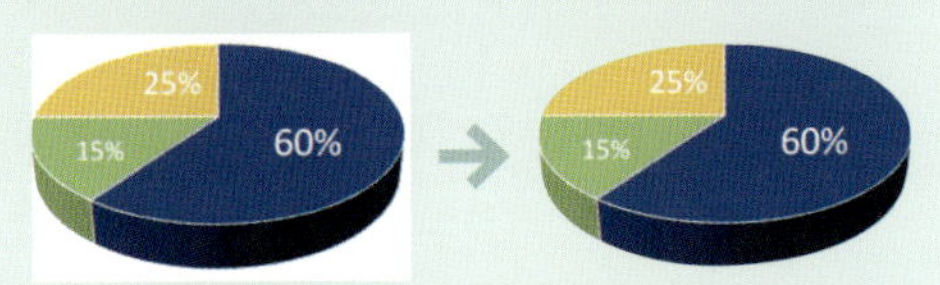

【 表組みを配置する 】

エクセルで作成した表を、InDesignの表組みとして配置することができます。

1. **[ファイル]メニュー**から**[配置]**をクリックします。配置したいエクセルファイルを選択します。

2. 配置のウィンドウで**[読み込みオプションを表示]**にチェックを入れて、**[OK]**をクリックします。ダイアログで、読み込む部分を指定し再度**[OK]**をクリックします。

3. カーソルに内容のテキストが付いて回るので、好きなところでドラッグして表の大きさを決めます。

4. **[表]パネル**など、各種ツールで表組みをデザインします。エクセルデータはRGBモードでつくられているため、印刷には不向きです。CMYKのカラーモードに変換します。

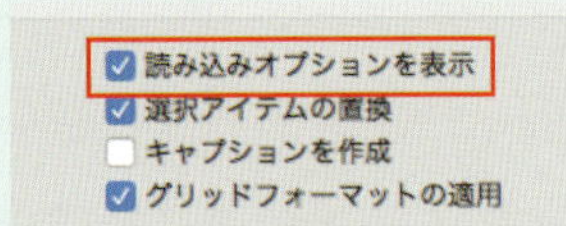

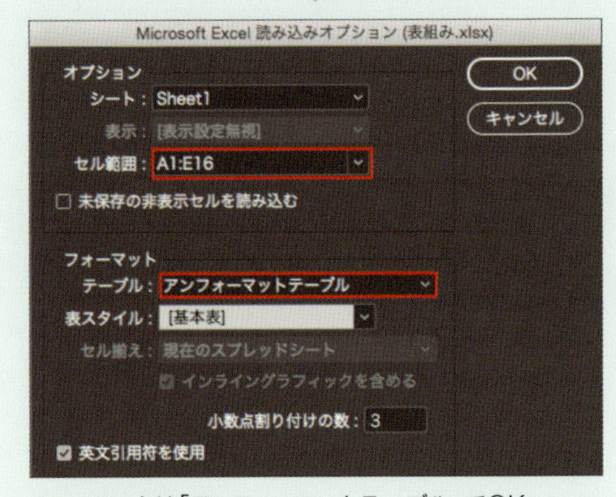

フォーマットは「アンフォーマットテーブル」でOK。

2016 年	650
2017 年	970
2018 年	1670
2019 年	2500
2020 年	3200

文字の可読性を高める

テキストの長さで四角形の大きさも変わる機能を使います。文章を編集しても、はみ出したり、余ったりすることがありません。

本文部分に背景色をつける

1 背景色をつけたい文字のテキストフレームを▶**(選択ツール)**で選択します。

2 **[段落]パネル**から**[背景色]**にチェックを入れます。色は横のプルダウンから選択できます。ここでは**[紙色]**に設定します。

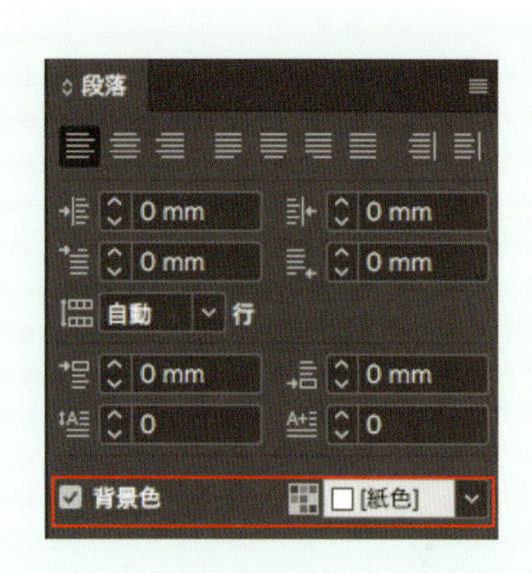

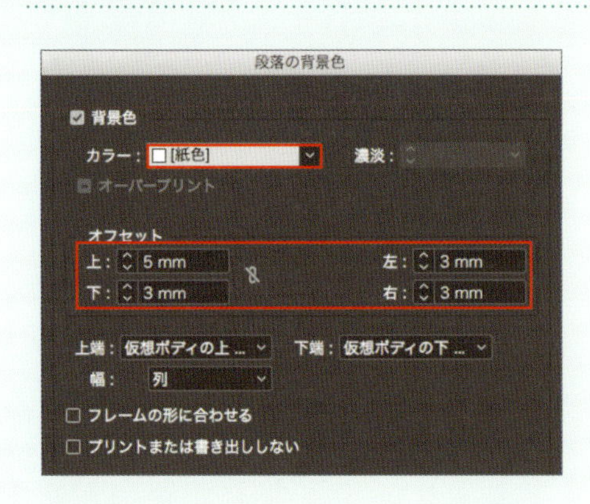

3 適応されたら、細かい余白の調整をします。**[段落パネル]**の右上の≡**(オプション)メニュー**から**[段落の背景色]**を選択します。**[プレビュー]**をにチェックを入れた状態で、**[オフセット]**で周囲のはみ出し幅を設定します。

01
目標点を明確に
お客様のビジネスにおける大事なポイントを共有し、目指す場所を徹底的にディスカッションすることで、中間目標を含めた到達地点を明確に共有するお手伝いを致します。弊社は、小さな目標を積み重ねていく間も、きめ細やかな分析をしながら、達成に向けてトータルサポートいたします。

01
目標点を明確に
お客様のビジネスにおける大事なポイントを共有し、目指す場所を徹底的にディスカッションすることで、中間目標を含めた到達地点を明確に共有するお手伝いを致します。弊社は、小さな目標を積み重ねていく間も、きめ細やかな分析をしながら、達成に向けてトータルサポートいたします。

始まり〜改行までが1つの背景の囲みの範囲です。もし囲みの中で改行したい場合は「shift キー＋return（Enter）キー」で強制改行します。

マーカーのような下線をつける

1. T（横組み文字ツール）で下線をつけたい文字を選択します。

2. [文字]パネルから右上の≡（オプション）メニューから[下線設定]をクリックします。

3. ダイアログが出るので、線の色、太さ、オフセットを調整します。オフセットは、をプラス値を入力すると線が下がっていき、逆にマイナスの数値を入れると文字に食い込む形で上がっていきます。重なり加減を[プレビュー]しながら、イメージに近づけましょう。

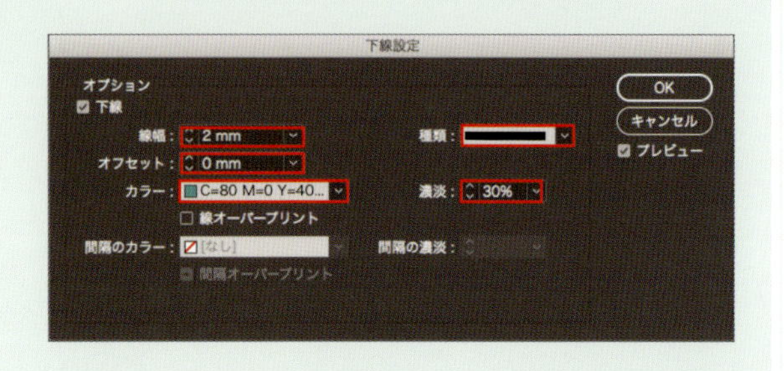

6

視線を誘導する

背景に右肩上がりの白い半透明帯を加えることで、読む順番を左から右へ強く誘導しています。同時に複数の項目が一連の流れとして、理解できるようなグルーピングの役割も果たしています。変形する場合は、写真の斜めと同じ角度になるよう調整しましょう。

写真を印象的にする

写真の印象は大変重要なポイントです。写真のトリミングを正方形から右上がりの図形に変えることで、大胆に上昇するデザインになっています。

写真のトリミングを変形させる

1 ▷**（ダイレクト選択ツール）**で、ずらしたい写真の角のパスを選択します。

2 **［オブジェクト］メニュー**から**［変形］→［移動］**を選択します。ダイアログ内の、垂直方向に数値を入力し移動します。

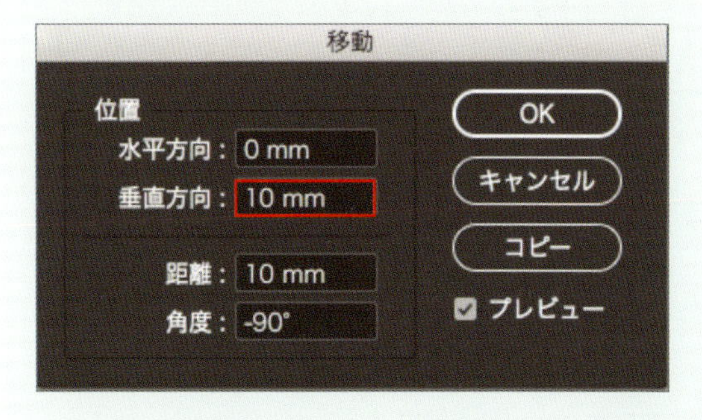

3 もう一方の点も同じように選択して、**［移動］**で数値を入力します。ー（マイナス）値を入力することで、反対方向に移動させることができます。

空いた部分に半透明で欧文を入れることで、洗練された雰囲気がより高まります。

オブジェクト機能を駆使した音楽イベントのフライヤー

繰り返し登場するオブジェクトを配置する場合、InDesignの
オブジェクトスタイル機能を活用すれば作業効率は格段に上がります。

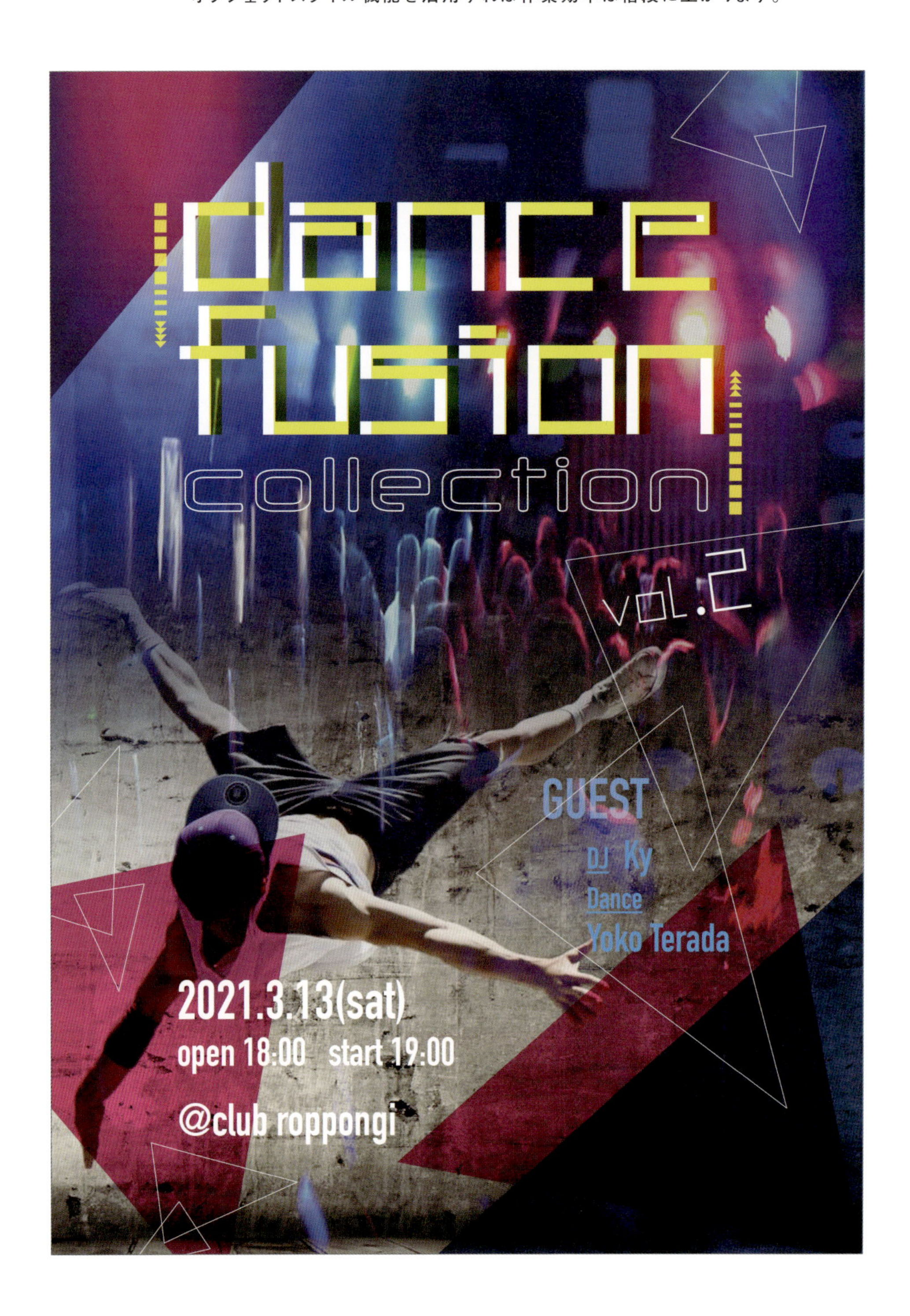

CASE

カテゴリー：音楽イベントのフライヤー
仕様：A4判（W210㎜×H297㎜）　縦ペラ

ターゲット

20代半ば～30代男女

先方からの要望

▷ダンスミュージックのイメージが伝わるようなビジュアルにしたい
▷提供できる写真素材があまり無いが、それをどうにかかっこよく見せたい

デザインコンセプト

▷幾何学のオブジェクトで動きをつけた
▷タイトルロゴは、加工によって遊び心のあるデザインに

HOW TO DESIGN

InDesignを使ってデザインが完成するまでの
流れとつくり方をサンプルとともに詳しく解説していきます。

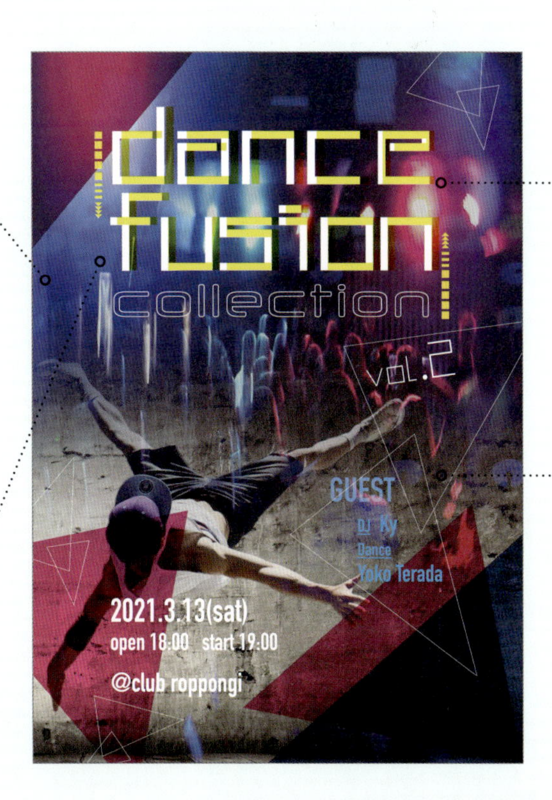

1
背景をつくる
写真のレイヤーを重ねて、1枚絵のように合成します。［描画モード］によって写真を加工してクールな印象に仕上げましょう。

2
文字を配置する
目立たせたいポイントを絞って強弱をつけレイアウトします。

3
文字をあしらう
色の重なりやフチ文字にすることで、印象的なタイトルをつくります。

4
背景に飾りを追加する
幾何学模様をランダムに入りすることで、躍動感のあるデザインに仕上がります。

つくり方は次のページへ

1

背景をつくる

1枚ペラのチラシなどのドキュメントは[見開き]のチェックを入れずに作成します。音楽イベントの内容が伝わるよう、リズム感や躍動感がイメージできる写真を選びましょう。[効果]を使用することで、まったく違う写真を合成風に変更することができます。まずグラデーションの背景をつくり(P.60参照)、その上に写真を重ねて**[効果]パネル**から**[描画モード]**で加工します(P.68参照)。

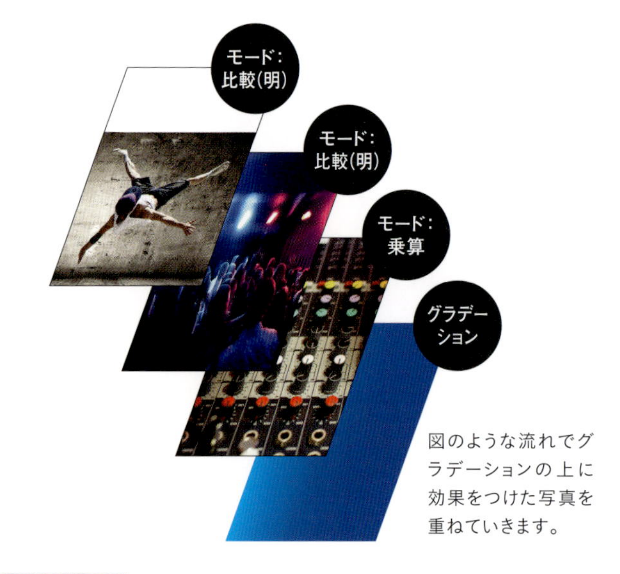

図のような流れでグラデーションの上に効果をつけた写真を重ねていきます。

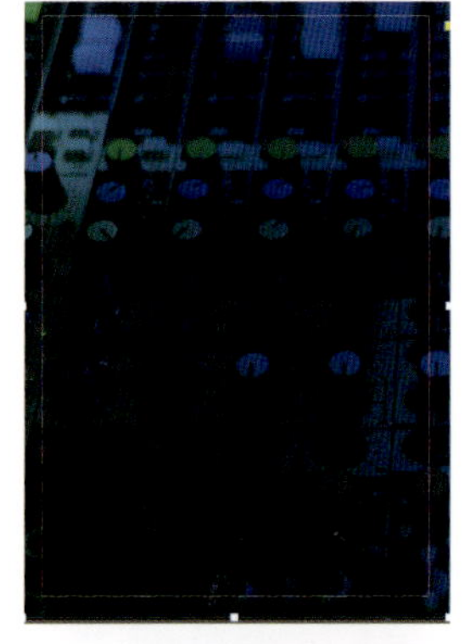

まず最初の写真を[効果]パネルの**[描画モード:乗算][不透明度:100%]**にします。

次に、その上に別の写真を上に重ねます。通常、内容をしっかり見せたい写真は、縦横比率を等倍に設定して配置します。あえてここでは、抽象的な背景写真に縦横比率を変形した「変倍」を意図的にかけることで、面白みがでます。**[効果]パネル**の**[描画モード:比較(明)][不透明度:80%]**にします。

最後にダンサーの写真を重ねます。ダンサーが、タイトルに向かって躍動的に動いているよう、下段へ配置します。**[効果]パネル**の**[描画モード:比較(明)][不透明度:100%]**にします。

グラデーションぼかしをかける

1 写真の上部を背面に配置した写真と境界をなじませるため、写真にグラデーションぼかしをかけます。**[効果]パネル**の右下にある fx **アイコン**をクリックし、**[グラデーションぼかし]**を選択します。

2 グラデーションを直線的にかけたいので、種類を**[線形]**にし、角度や位置を調整します。

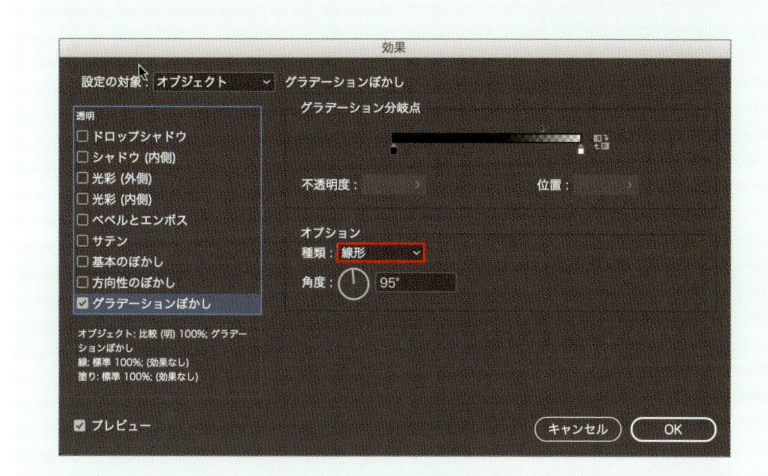

2

文字を配置する

フライヤーのようにビジュアルメインでデザインする場合、文字要素は最低限に抑えます。イベント名を目につくように配置し、イベントの日時や場所など詳細を入れます。出演者名など売りになるポイントを強調すると集客効果が高まります。

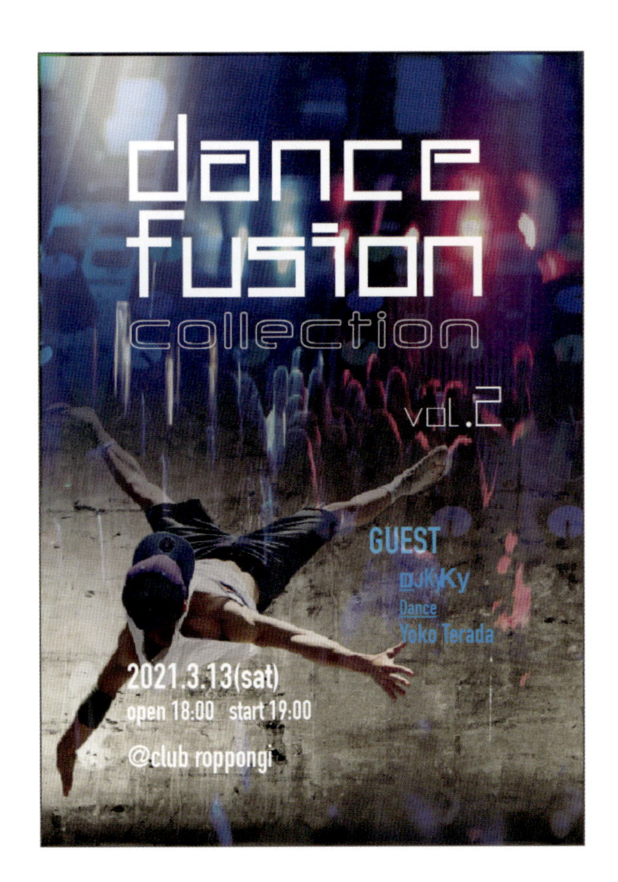

3

文字をあしらう

タイトルを目立たせるため、さらにひと工夫します。飾りを足すばかりでは、写真ビジュアルの存在感が弱まってしまうので、書体で差をつけましょう。書体は、イベントの雰囲気に合わせたスタイリッシュなイメージに変え、版ズレのような加工を施します。「collection」の文字は、フチ文字にしてメリハリをつけます。

POINT

タイトルの幅を揃え、ロゴのようなまとまり感を出します

文字を版ズレ風に加工する

多色刷りの印刷を行う際に、重ねて印刷するそれぞれの色の版がずれている状態のことを「版ズレ」と言います。ここでは、デザインの表現として扱います。

1 「dance fusion」の部分だけコピーし、**[編集]メニュー**から**[元の位置にペースト]**をし、スウォッチで黄色に変更します。

2 **[効果]パネル**の**[描画モード：乗算]**にし、文字ボックスを**[オブジェクト]メニュー**から**[変形]→[移動]**で水平に3㎜ほどずらします。乗算にすることで、下の白文字と重なるところだけ黄色がはっきりみえるようになります。

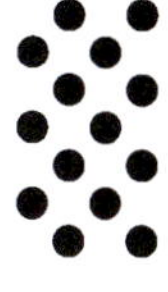

タイトルのアクセントになるようなあしらいを足します。ここでは音楽のボリュームや早送りなどの矢印をイメージさせるあしらいを追加します。**(長方形ツール)**で四角をつくり**[オブジェクト]メニュー**から**[変形]→[移動]**を繰り返します。四角の高さを変えて同様の手順をします。最後に**(多角形ツール)**で三角形をつくり、**[移動]**を繰り返します。

4

背景に飾りを追加する

動きを感じさせるような幾何学模様を全面に散りばめます。タイトルの黄色が目立つように、背景の写真から色を抽出しトーンを合わせます。フチだけのものや、角度の異なる三角形を組み合わせて、リズムのあるデザインにします。背景となじませながら動きをつけていきましょう。

三角形のオブジェクトをつくる

1 **(多角形ツール)**を選択します。「＋」字のカーソルが出たらワンクリック、ウィンドウが表示されます。サイズを設定し、三角形にするため、頂点の数を「3」に入力します。

2 三角形は**(ダイレクト選択ツール)**に切り替えパスポイントを1カ所ずつ選択し、好きな角度にパスを移動して変形できます。

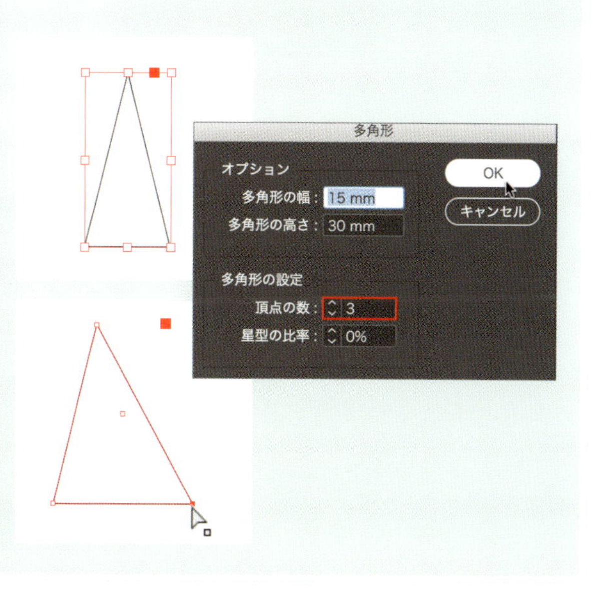

オブジェクトスタイルを使用する

[オブジェクトスタイル]とは、グラフィックフレームやテキストフレームの属性（ドロップシャドウ、塗りと線、透明など）をスタイルとして登録することで、複数のオブジェクトにすばやくスタイルを適用することができる便利な機能です。

1 登録したいオブジェクトを配置します。

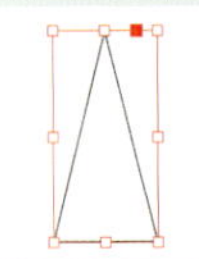

2 **[オブジェクトスタイル]パネル**から右上の≡**(オプション)メニュー**で**[新規オブジェクトスタイル]**を選択します。**[オブジェクトスタイルオプション ダイアログボックス]**が表示されます。スタイル名を変更し、色や効果を設定します。

3 左下の効果部分の設定から**[透明]**を選び、**[描画モード：乗算][不透明度：80%]**にします。

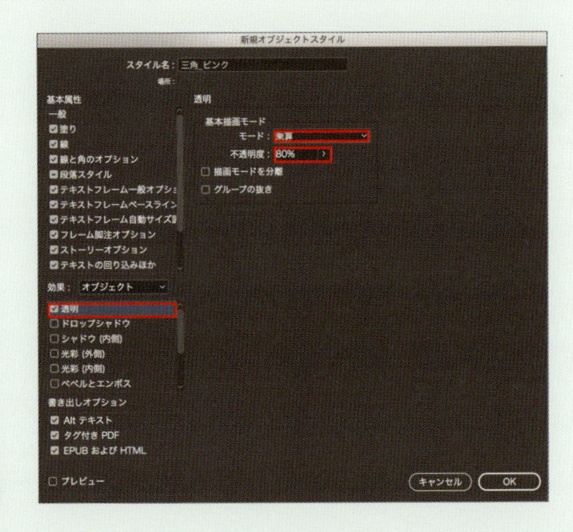

4 **[オブジェクトスタイル]パネル**に登録したスタイルが作成されました。これを反映させたいオブジェクトを選択し、スタイル名をクリックすれば適用されます。

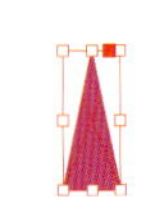

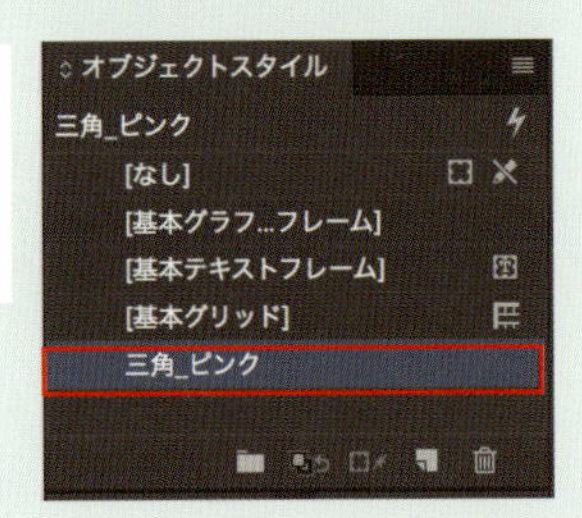

COLUMN

サイズと位置のオプション

InDesign CC 2018から[オブジェクトスタイル]作成後**[オブジェクトスタイルオプション]**ダイアログを表示すると、**[サイズと位置のオプション]**が新たに追加されました。サイズと位置が強制的に変更されます。各ページの同じ位置に同じサイズでオブジェクトを使用したい場合に使える便利な機能です。

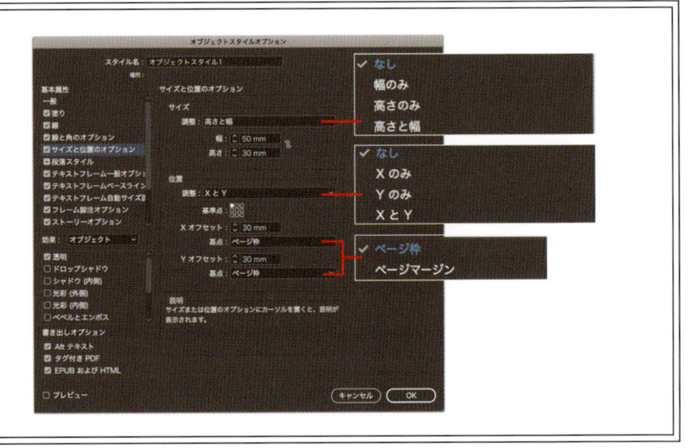

オブジェクトを一括で変更する

1 変更をしたいオブジェクト(既存のオブジェクトスタイルを適用済み)を選択します。

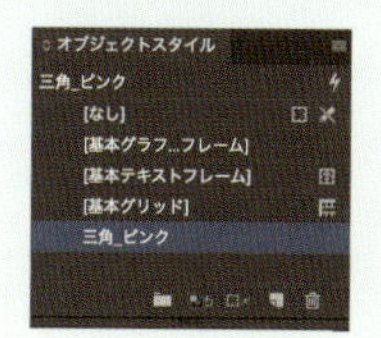

2 オブジェクトにサイズや色を変更します。

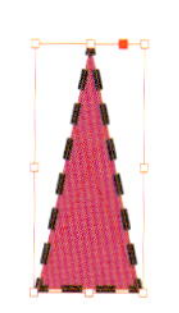

3 **[オブジェクトスタイル]パネル**の適用していたオブジェクトスタイル名に「+」が表示されます。適用していたオブジェクトスタイルを選択した状態で、右上の≡**(オプション)メニュー**から**[スタイル再定義]**を選択します。

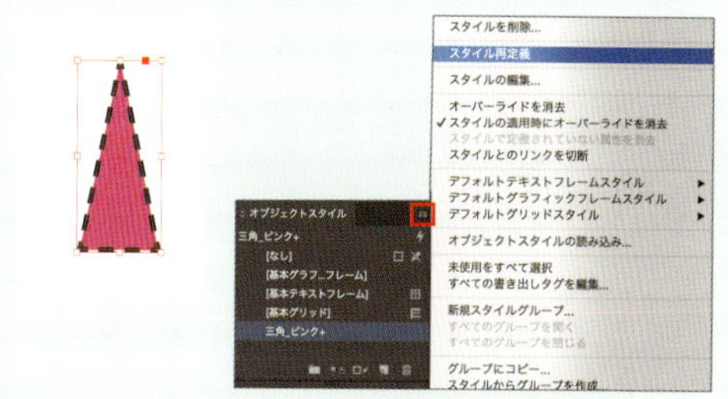

4 オブジェクトスタイルが編集した内容に更新されます。

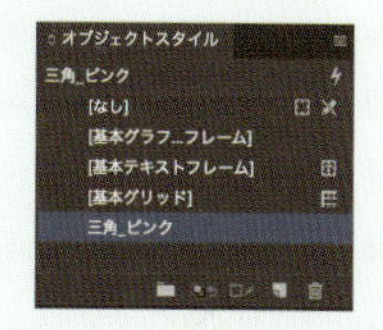

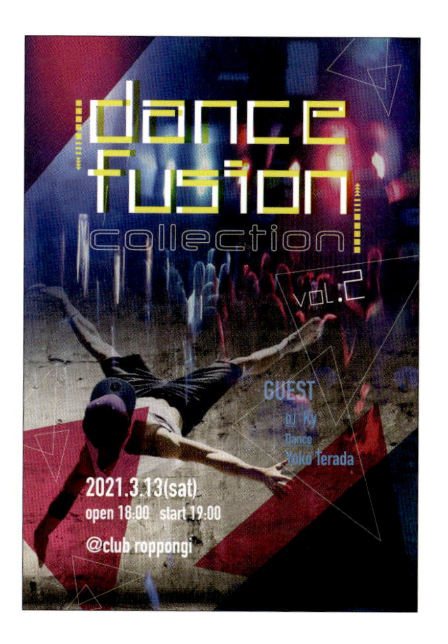

最後にあしらいの位置のバランスを整えたら完成です!

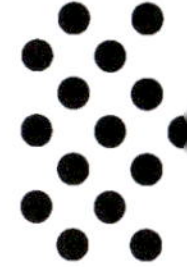

表組みを取り入れたファミリー向け不動産広告

情報量の多い折り込み広告のデザインは、わかりやすさと読みやすさが重要です。
ここでは、表組みや合成フォントの機能を使ったテクニックを解説します。

CASE

カテゴリー：折り込み広告
仕様：B4（W257㎜×H364㎜）　横ペラ

ターゲット

30代前半～40代後半のファミリー層

先方からの要望

▷明るい木目をベースにしたナチュラルな住宅の雰囲気に合わせたい
▷来場者へのプレゼント配布をアイキャッチにしてほしい

デザイン
コンセプト

▷アースカラーの配色でやわらかい雰囲気に
▷ぬくもりを感じられる木目のテクスチャーを使用

HOW TO DESIGN

InDesignを使ってデザインが完成するまでの
流れとつくり方をサンプルとともに詳しく解説していきます。

1 写真と文字を配置する

角版、丸版、切り抜き写真を使い分けて、動きをつけます。文字情報、整理して強弱をつけます。

2 文字を調整する

和文と欧文のそれぞれ書体を変えた「合成フォント」をつくります。視認性を高めます。

3 表組みで情報を整頓する

情報量が多いスペックは、[表組み]機能を使って、読みやすく整理されます。

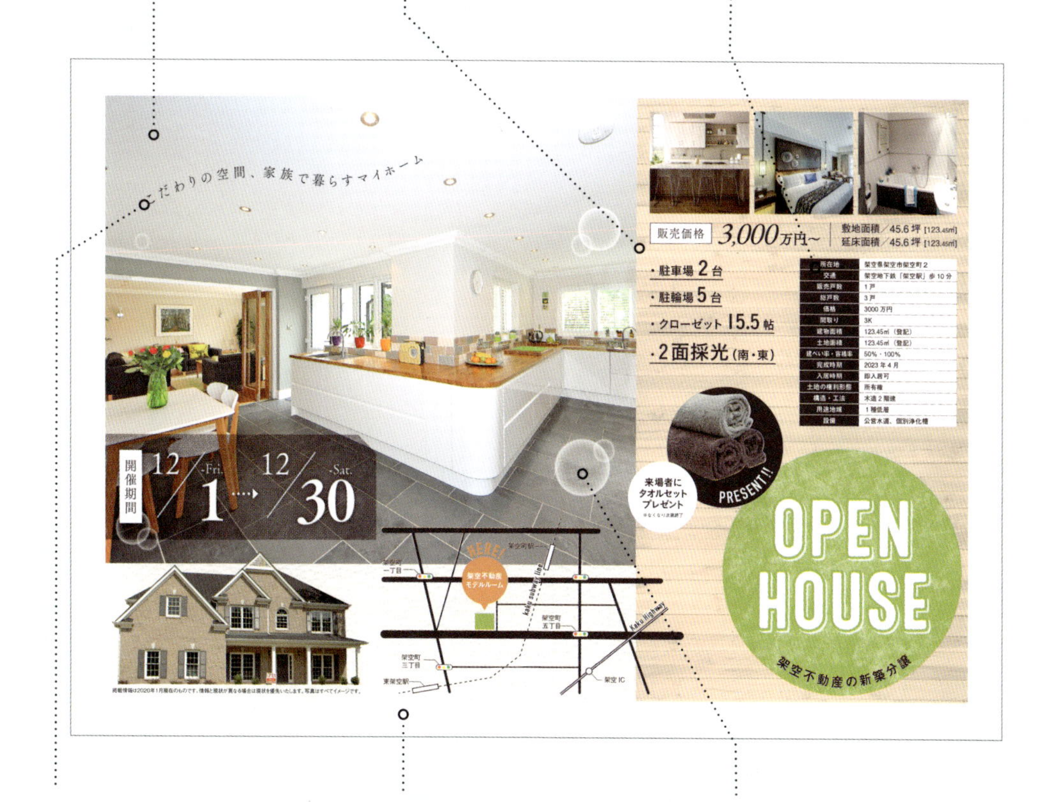

4 文字をあしらう

配置の仕方や、質感を施すことで、文字がアクセントになります。

5 地図を作成する

ポイントを絞ったわかりやすい地図のデザインで集客率を高めます。

6 全体に飾りを足して盛り上げる

[効果]の機能を使って、フレア風の飾りをつくり、紙面を華やかにしていきます。

つくり方は次のページへ

1

写真と文字を配置する

背景に自然派で温かみのあるテクスチャーを敷きます。家の外観は切り抜き処理をすることで、どんな家なのか、ディテールがわかりやすくなります。イメージを強く伝えたい内観の写真は、マージンまで広げて大きく使い、サブの写真は、小さめに同サイズに並べて配置します。タオルの写真は客寄せのアイキャッチにしたいので、丸く切り抜き変化をつけましょう。

背景素材は、淡い色合いにすることで文字の可読性を高めます。

写真を丸く切り抜く

1. ▶(**選択ツール**)で配置した写真を選択します。
2. **[オブジェクト]メニュー**から**[シェイプを変換]**→**[楕円形]**をクリックします。**[パスファインダー]パネル**の**[シェイプを変換]**からも選択できます。
3. 楕円の大きさや写真のトリミングを整えます。

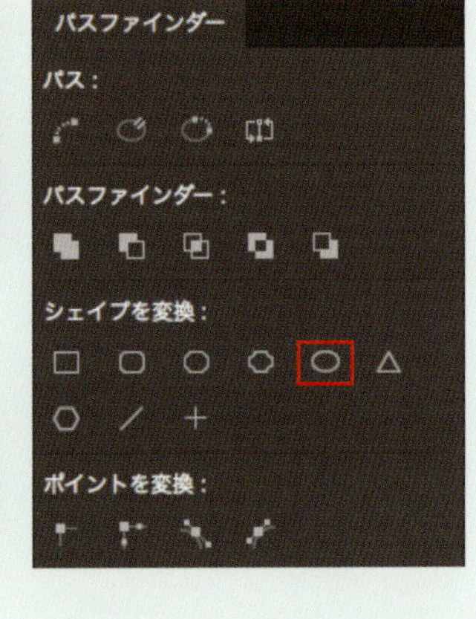

文字情報を配置します。販売広告は、読み手を惹きつけるお得な情報や、値段などの重要な要素を明確に、読みやすく見せる必要があります。重要度の高い順に文字の大きさを変えることで、情報を瞬時に伝えることができます。

POINT

数字を強調することで、直感的に伝えることができます

3,000万円〜 → 3,000万円〜

2

文字を調整する

折り込み広告は、ポスティングなどで誰でも目にする可能性がある販促物のため、誰にでも読みやすい書体選びが大切です。メインに使っている「こぶりなゴシック」という書体は、数字にセリフとよばれる部品が付いて文字もあり、視認性に欠けています。そこで、数字とアルファベットの部分だけ、同系統の欧文書体「Helvetica」に自動で置き換えられる「合成フォント」と言うオリジナルの組み合わせ書体をつくります。通常の書体を選ぶように合成フォントが使えるようになります。

合成フォントを設定する

1. **[書式]メニュー**から**[合成フォント]**をクリックします。

2. **[新規…]**をクリックすると、書体名の入力欄が表示されるので、わかりやすい名前を入力し**[OK]**で閉じます。(名前の例：“こぶりな＋Helvetica”、“基本の本文”など)

3. **[漢字・かな・全角約物・全角記号]**を「こぶりなゴシック」、**[半角欧文・半角数字]**を「Helvetica」に変更します。

4. ウィンドウ下部のサンプル画面で、文字のズレと大きさを合わせる調整をし、**[保存]**をクリックで完成です。

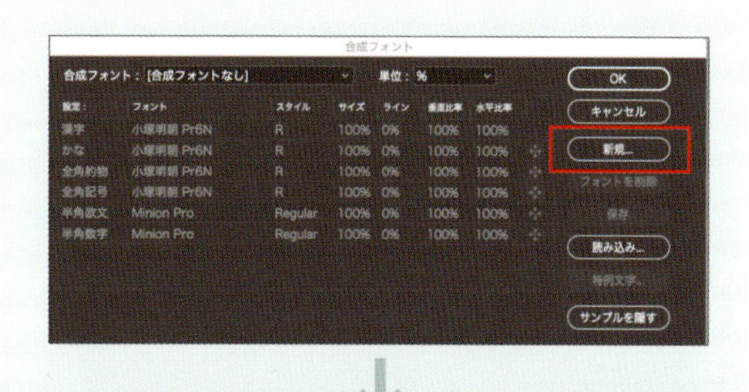

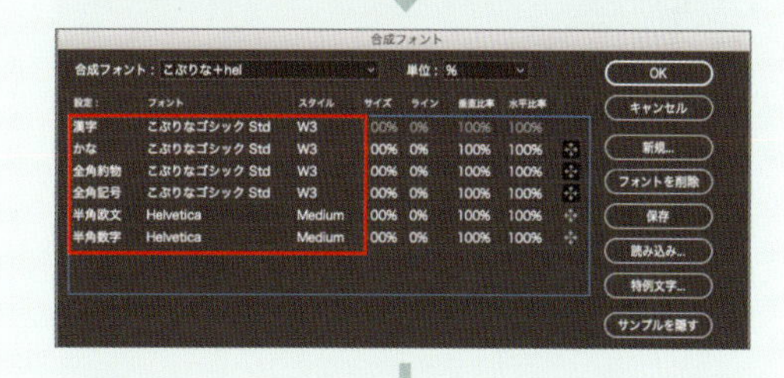

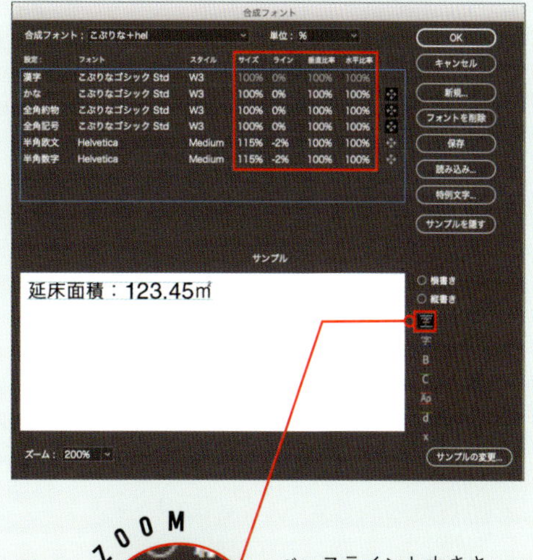

【 サンプル画面で調整する 】

調整前

延床面積：123.45㎡

調整後

延床面積：123.45㎡

欧文書体は、和文に比べひと回り小さく見える傾向があります。サイズや高さが揃うように[サイズ]と[ライン]を手動で調整します。実際に使う文面でサンプルを設定すると調整しやすくなります。

ZOOM

ベースラインと大きさの調整をする際は、**[平均字面]**(スカイブルーの線)を表示して調整します。

あいう 123 ABC abc → あいう 123 ABC abc

3

表組みで情報を整頓する

不動産広告は、重要な情報をできる限り詳細に掲載する必要があります。難しい単語も多いですが、表組みを使えばわかりやすくまとめることが可能です。

表組みを作成する

1 表組みにしたい文章を、T.(**横組み文字ツール**)で打ちます。セルとセルの間は「tab キー」を押して区切りのtab文字を挿入します。次の列に送る際は改行します。

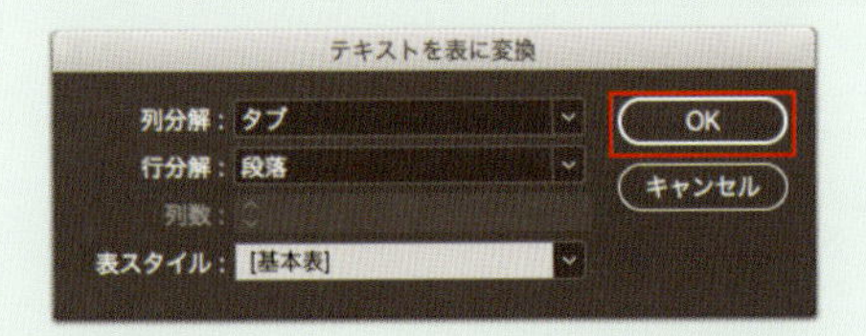

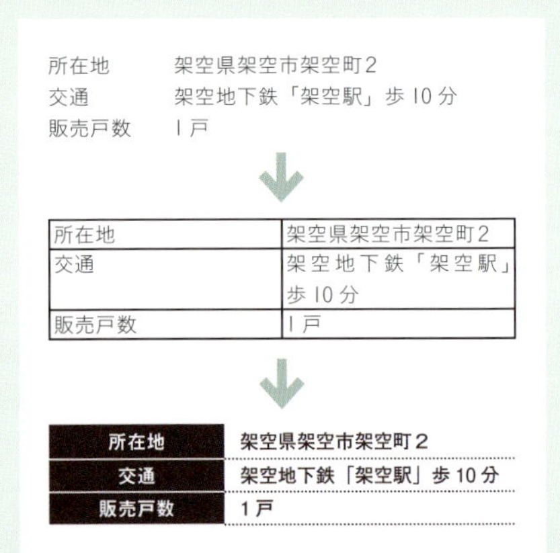

2 全て打ち込んだら、**[編集]メニュー**から**[すべてを選択]**したのち**[表]**→**[テキストを表に変換]**します。

3 表になったら、色と線を編集します。表はT.(**横組み文字ツール**)で選択することができます。列、行の選択も、T.(**横組み文字ツール**)で行います。

- ↓ 列(縦方向)を選択するカーソル。
- → 行(横方向)を選択するカーソル。
- ↘ 表全体を選択するカーソル。

4 左の列をT.(**横組み文字ツール**)↓で選択し、塗りを茶色、文字を白にします。線は境界線のみ白にして、他は**なし**にします。**[段落]パネル**でテキストを**[中央揃え]**にします。

5 右側の列もT.(**横組み文字ツール**)↓で選択します。塗りを白、文字を茶色にします。線は境界線のみ茶色の点線にして、他を**[なし]**にします。

6 表を全てT.(**横組み文字ツール**)↘で選択した状態で、**[表]パネル**の揃えを**[中央揃え]**に。垂直方向中央に文字が揃います。

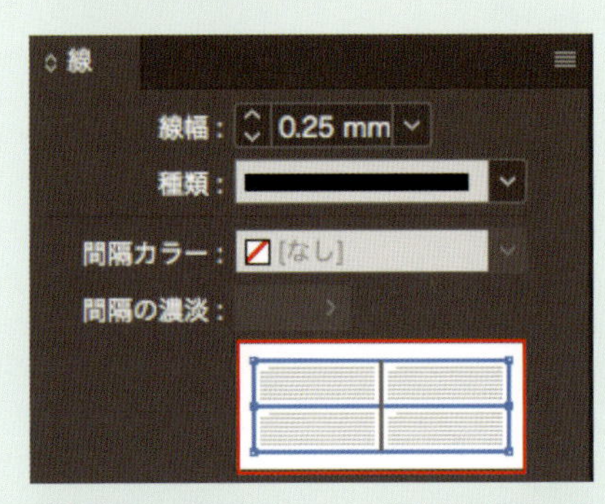

[線]パネル。青く表示している部分が編集中の箇所です。クリックして選択をON／OFFできます。

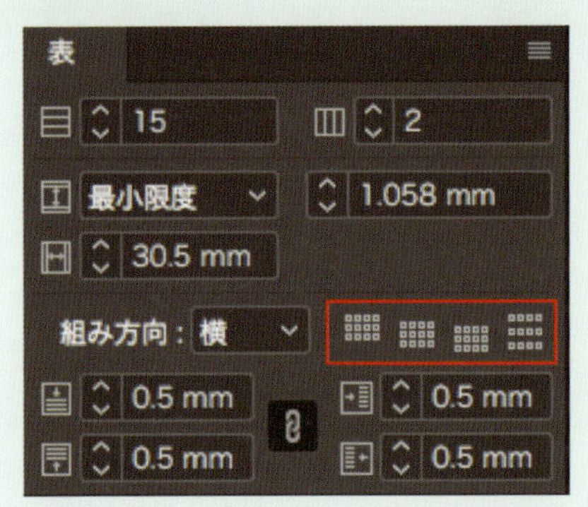

[表]パネル。赤枠内のアイコンをクリックして、垂直方向の揃えを調整できます。

文字をあしらう

キャッチの文字に動きをつけ、やわらかさや楽しさを演出します。また、目立たせたいキャッチには質感を加えてアクセントにして、より興味を引きつけたデザインに仕上げます。

パスに沿って文字を入力する

【 文字を入力する 】

1 **(ペンツール)**でパスを書きます。

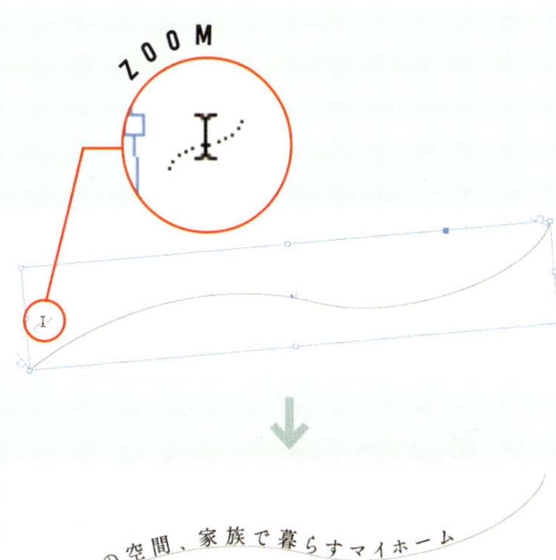

2 **(横組みパスツール)**に切り替えて、パスの境界線をクリックします。

3 クリックしたパスの形に沿って文字を入力します。

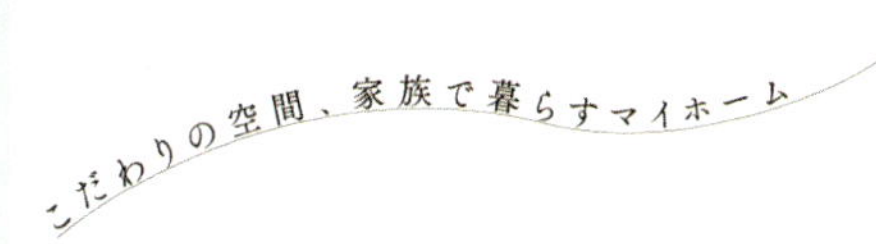

【 入力した文字の位置を調整する 】

1 **(ダイレクト選択ツール)**で、外周から内周へドラッグして位置を場所を移動させます。

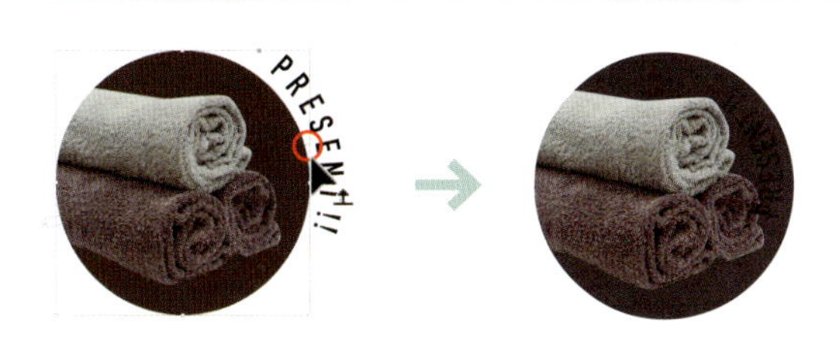

2 **(ダイレクト選択ツール)**で文字の始点と終点を調整します。

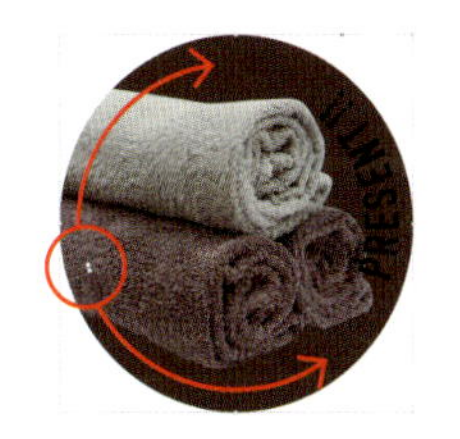

パスの最初と最後にある線をドラッグすると位置を変更できます

文字の中心の線をドラッグすると位置を変更できます

文字色をスウォッチで変更します。

影に質感をつける

1 T.**(横組み文字ツール)**で、文字を入力します。

2 テキストを「control キー＋クリック（右クリック）」→**[効果]**→**[ドロップシャドウ]**をクリックします。シャドウの色やシャドウの大きさを、**[プレビュー]**でバランスを見ながら調整します。**[ノイズ]**の数値を上げることで、スタンプのようなザラザラした質感が加わります。

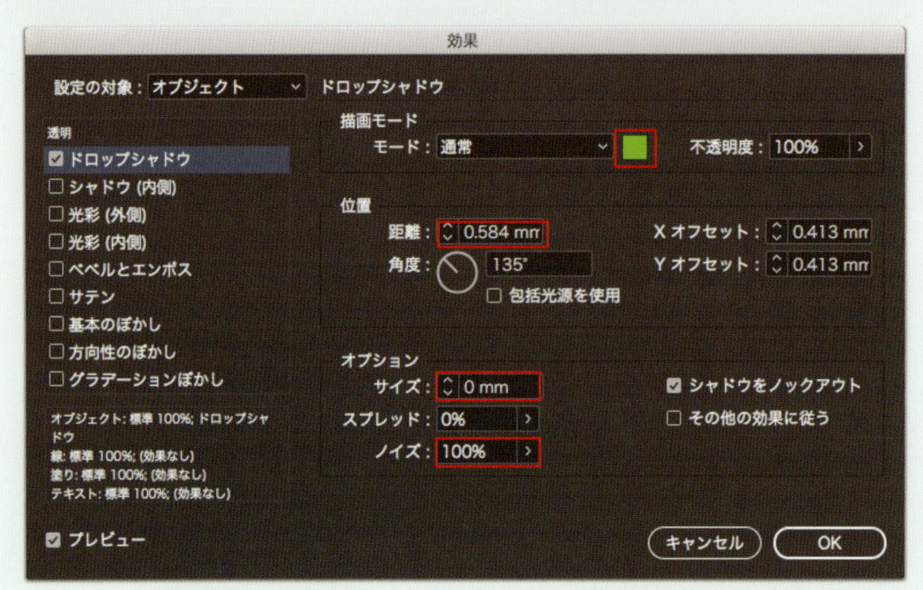

3 文字の色とシャドウの色を、配置する場所に合わせて変更します。

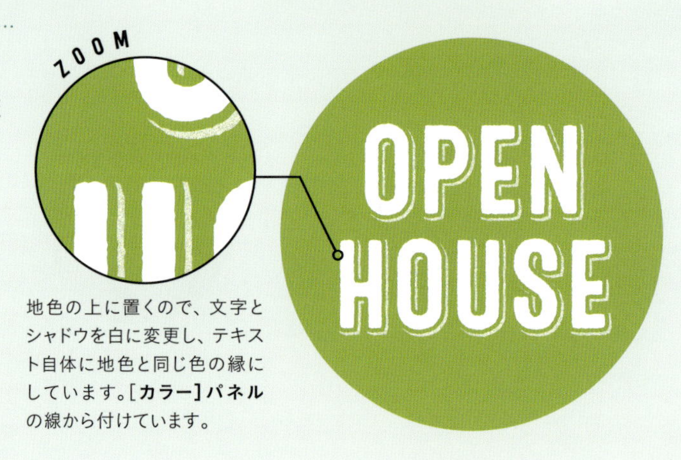

地色の上に置くので、文字とシャドウを白に変更し、テキスト自体に地色と同じ色の縁にしています。**[カラー]パネル**の線から付けています。

地図を作成する

商品がいくら魅力的でも、売り場に辿り着けなければ意味がありません。道路の太さに強弱をつけ、目的地までのルートがわかりやすい地図をデザインしましょう。ゴールとなる目的地は一番目立つように配色に気を配ります。

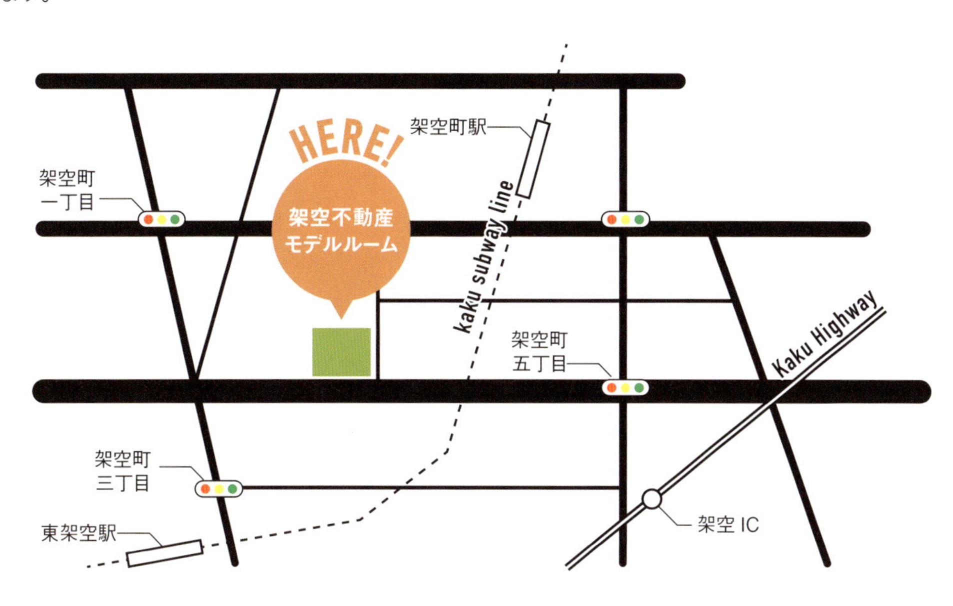

現地に誘導する地図をつくる

特記しない作業は全て **(ペンツール)** で作業をします。開始点をクリック→終了点をクリックで直線が書けます。「shiftキー」を押しながら書くと、垂直・水平・45度の線が書けます。

1 幹線道路を太い線で書きます。高速道路の情報があれば載せます。

2 幹線道路同士をつなぐ道を、ひと回り細い線で書きます。信号のある場所にはアイコンを入れ T. **(横組み文字ツール)** で交差点名を入れます。

3 最寄りの抜け道に値する細い道路を、一番細い線で書きます。

4 最寄りの鉄道・地下鉄の駅を、線路と一緒に書きます。二重線や点線など、道路と区別します。

5 目的地が一番目立つよう、アイコン化したものを大きく入れます。

HERE!

地図アプリ風のピン、旗、大きい星印、企業ロゴなど、テイストによって使い分けます。

鉄道の線路の線をつくる

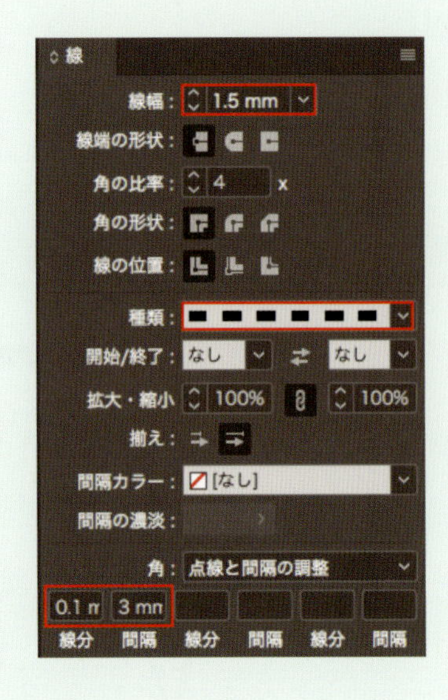

【 路線Aの線をつくる 】

1 (ペンツール)で、線路にしたい線を書きます。

2 **[線]パネル**で線幅や種類を設定し、点線(太さ1.5mm、線分0.1mm、間隔3mm)にします。

3 2でつくった線を「control キー+クリック(右クリック)」→**[コピー]**→**[元の位置にペースト]**します。

4 ペーストした点線を通常の線(太さ0.3mm)に変えます。

点線(太さ1.5mm、線分0.1mm、間隔3mm)　＋　実線(太さ0.3mm)　→

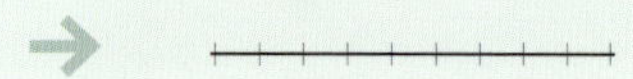

【 路線Bの線をつくる 】

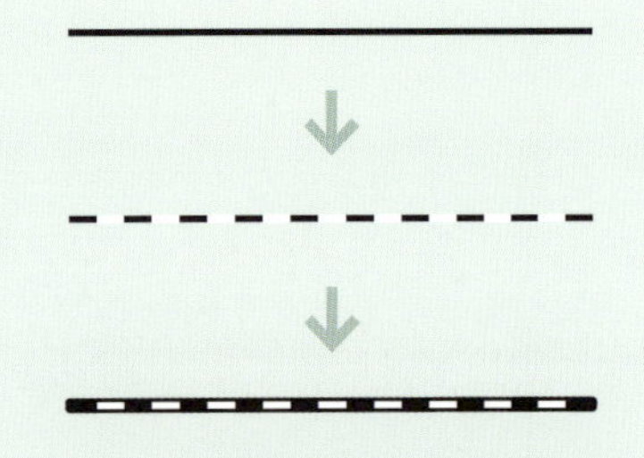

1 (ペンツール)で、線路にしたい線を書きます。

2 線を太さ0.5mm、線種・点線、線分・間隔2mmに、間隔カラー(白)を付けます。

3 2でつくった線にを「control キー+クリック(右クリック)」→**[効果]**→**[光彩(外側)]**でフチをつけます。カラー、不透明度、サイズ、スプレッドそれぞれを設定します。

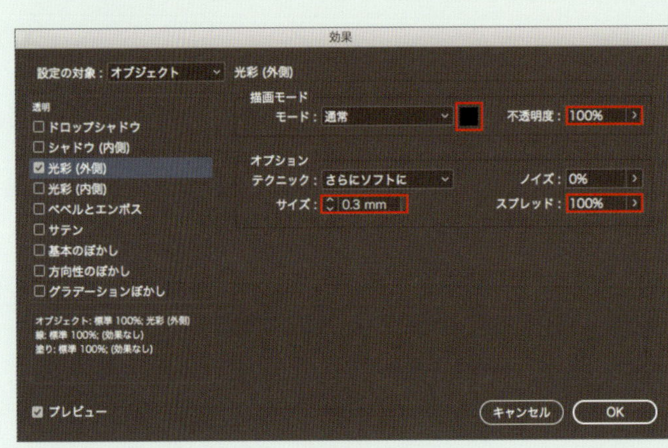

InDesignではパスのアウトラインがとれないので光彩で線にフチをつけます。

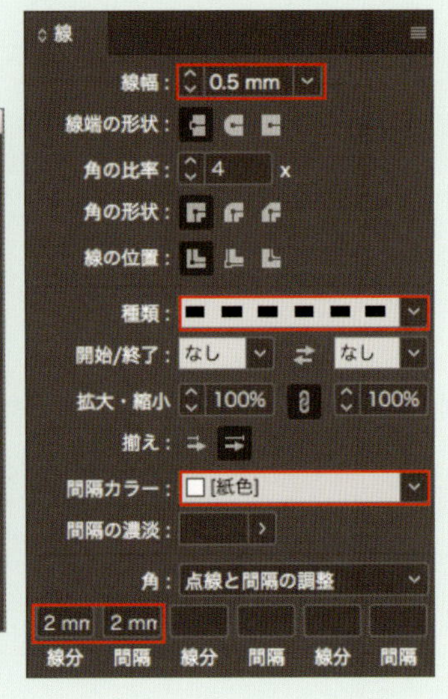

全体に飾りを足して盛り上げる

フレア風の飾りを足して、紙面全体をにぎやかにしていきます。フレア風の飾りは、開放的で明るい印象を与えます。

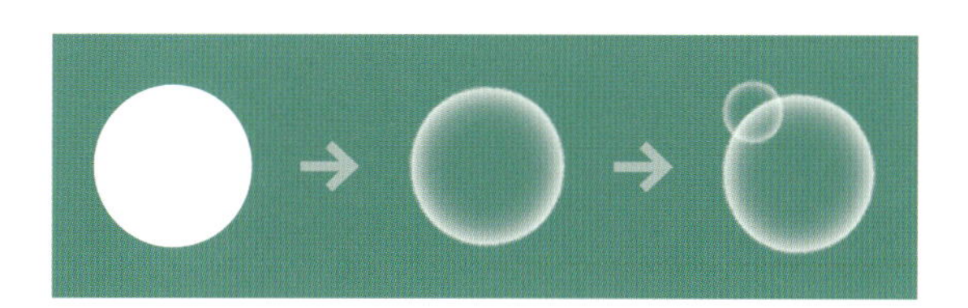

フレア加工の飾りをつくる

1 ⬭(楕円形ツール)で白い正円を描きます。

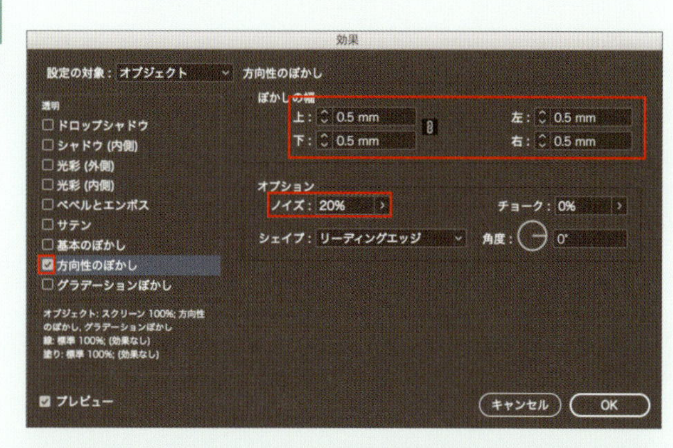

2 円の上で「control キー+クリック(右クリック)」→[効果]→[方向性のぼかし]にチェックを入れます。ぼかしの幅、ノイズを設定します。

3 続いて、[グラデーションぼかし]にチェックを入れます。[グラデーション分岐点]を下記の図の通りに動かします。[種類:円形]にします。

ZOOM

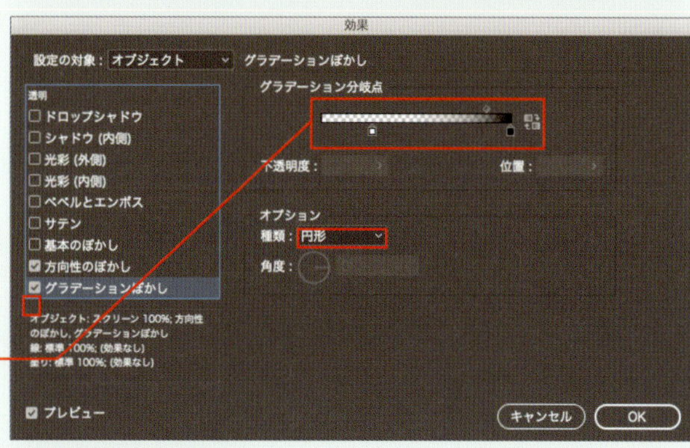

4 1個できたら、▶(選択ツール)で選んだ状態でコピー&ペーストし、増やしていきます。

大小をつけて、バランスよく重ねましょう。大小をつけるには ▶(選択ツール)で選択した際に四隅に出る「バウンディングボックス」を掴んで、「shift キー」を押しながらドラッグします。

空いたスペースや寂しい部分に飾りをつけ、位置を調整して完成です。

特殊な台紙設定でつくる文芸書の表紙

InDesignでは異なるサイズのページが混在しても
簡単に1つにまとめることができます。
ここでは、書籍の表紙をサンプルにつくり方を解説します。

CASE

カテゴリー：文芸書の表紙
仕様：四六判（W128㎜ ×H188㎜）　綴じ：右開き

ターゲット

30代～40代男女

先方からの要望

▷書名は動きをつけてデザインしてほしい
▷手触りのある質感の素材で立体感を演出してほしい

デザインコンセプト

▷紙や布の素材で、やわらかさと繊細さを表現
▷効果の加工を使って、深海とくらげの光のイメージを

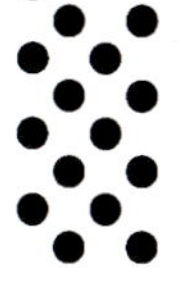

HOW TO DESIGN

InDesignを使ってデザインが完成するまでの
流れとつくり方をサンプルとともに詳しく解説していきます。

1 ドキュメントを作成する

背表紙などサイズが異なるページで構成されている書籍の表紙のようなデータは、[マスター]と[ページツール]の機能を使ってドキュメントをつくります。

2 背景をつくる

テクスチャー素材を重ね合わせて背景をデザインします。表紙、背表紙、裏表紙の繋がりを意識して見開きの状態でレイアウトしてみましょう。

4 素材を型どる

複雑な形の作成は難しいですが、写真から取り込んでパス化すると簡単に型を取ることができます。

5 文字を配置する

[文字]パネルの[カーニング]と[ベースラインシフト]を使ってタイトルに動きを付けます。

つくり方は次のページへ

1

ドキュメントを作成する

InDesignで背表紙付きの台紙を作成します。マスターとツール機能を使って背表紙のような異なるサイズが含まれるドキュメントを簡単に変更してみましょう。ページサイズの設定をしておくと、PDFの書き出しもスムーズです。

複数のページを繋げる

1 [ページ]パネルのオプションメニューから**[選択スプレッドの移動を許可]**にチェックを入れます。

2 A-マスターの見開きページのアイコンを2枚とも選択し、1ページのサムネイルにドラッグ＆ドロップすると、見開きのページが挿入されます。

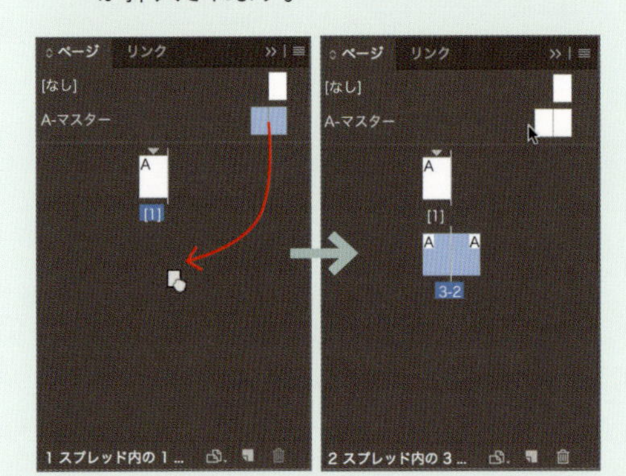

3 1ページにこの見開きページを右側（または左側）にドラッグ＆ドロップし、3つのページをつなげます。

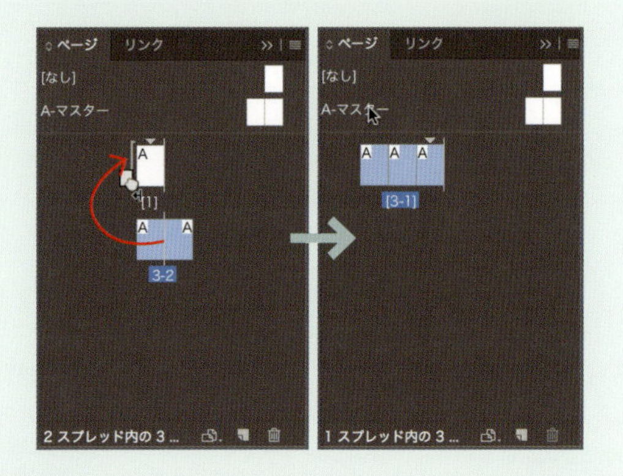

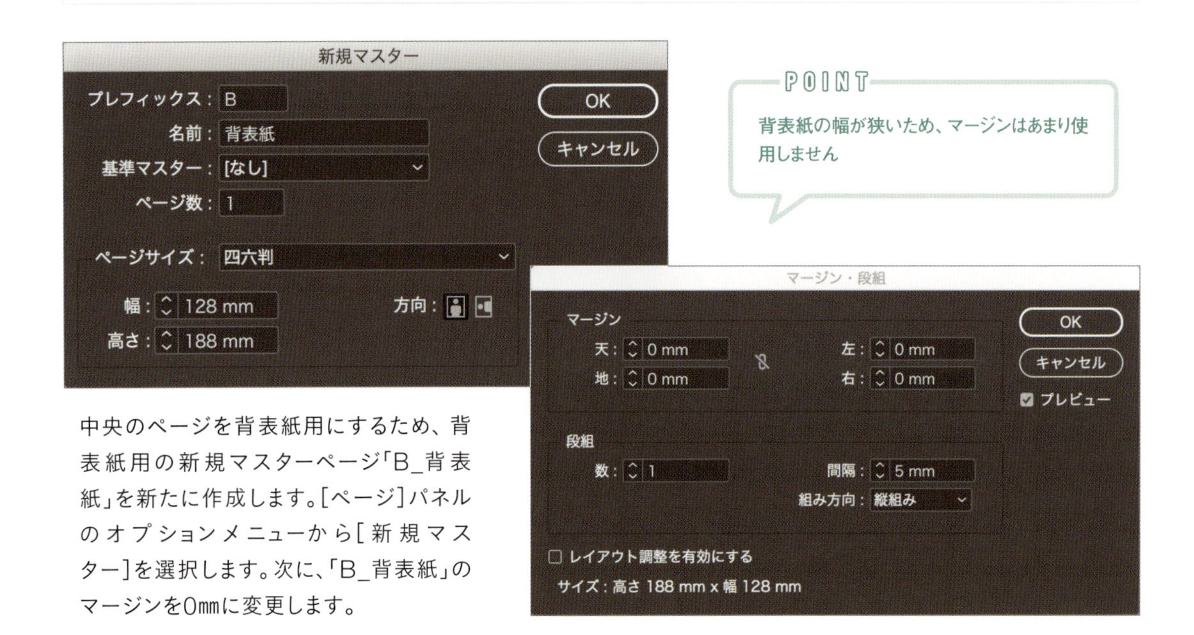

POINT
背表紙の幅が狭いため、マージンはあまり使用しません

中央のページを背表紙用にするため、背表紙用の新規マスターページ「B_背表紙」を新たに作成します。[ページ]パネルのオプションメニューから[新規マスター]を選択します。次に、「B_背表紙」のマージンを0mmに変更します。

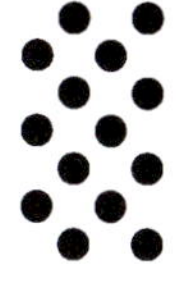

ページサイズを変更する

書籍の場合、総ページ数の変動や、本文に使用する紙の厚さによって、背幅が変わります。
（ページツール）を使うと簡単に、背表紙のみサイズ変更ができます。

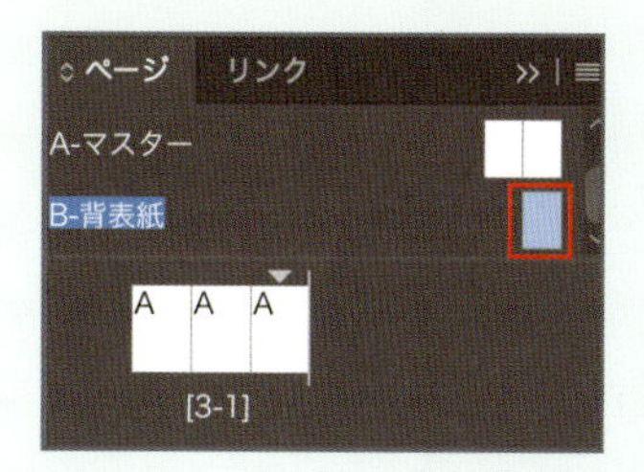

1 **（ページツール）**をクリックし、**[コントロール]パネル**から幅のみサイズを調整します。

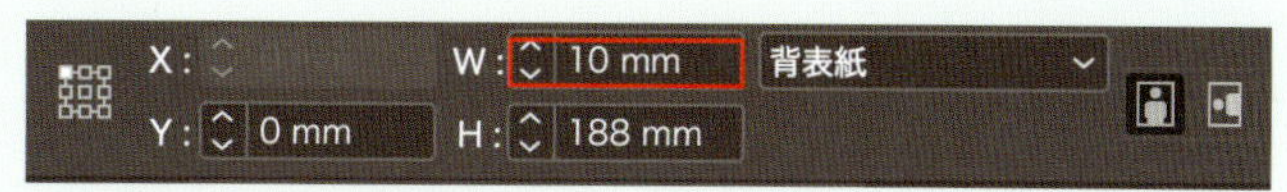

2 「B_背表紙」マスターページを先ほどの2ページ目にドラッグ＆ドロップすると[マスターページサイズの競合]のウィンドウが表示されるので、**[マスターページサイズを使用]**をクリックします。

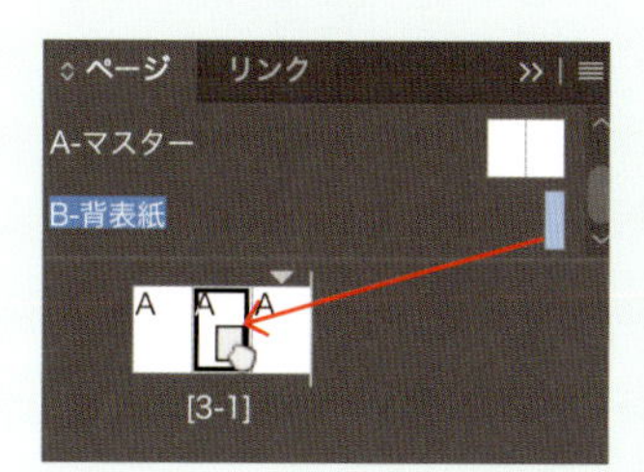

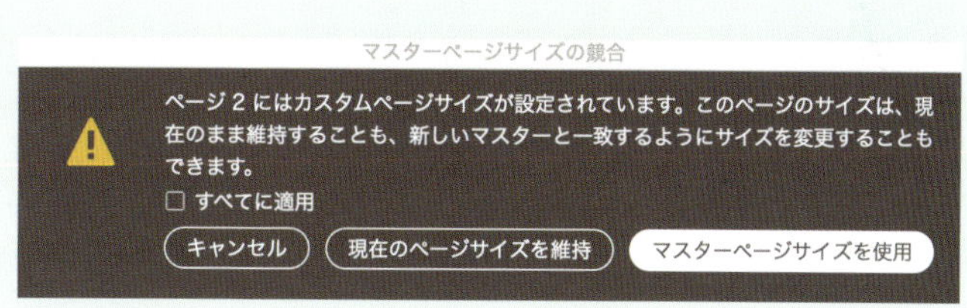

2

背景をつくる

書籍の場合は、表1（表紙）と背、表4（裏表紙）の3面の構成でデザインを考えます。カバーをつける場合は、本を包む部分の袖のデザインもつくります。

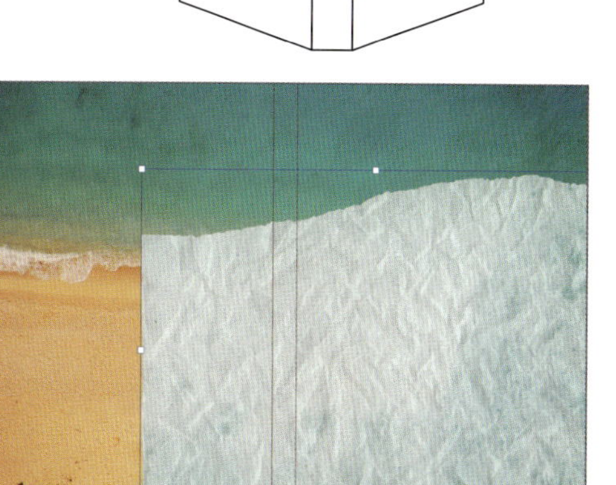

背景に使用する写真を配置し、その上に紙素材を配置します。同じ素材を「⌘（Ctrl）+C キー」でコピーし、**[編集]メニュー**から**[元の位置にペースト]**します。ペーストされた紙素材を**[コントロール]パネル**の**[水平方向に反転]**をクリックし反転させます。**[オブジェクト]メニュー**の**[変形]**から**[移動]**を選択して、離したい分の数値を入力します。

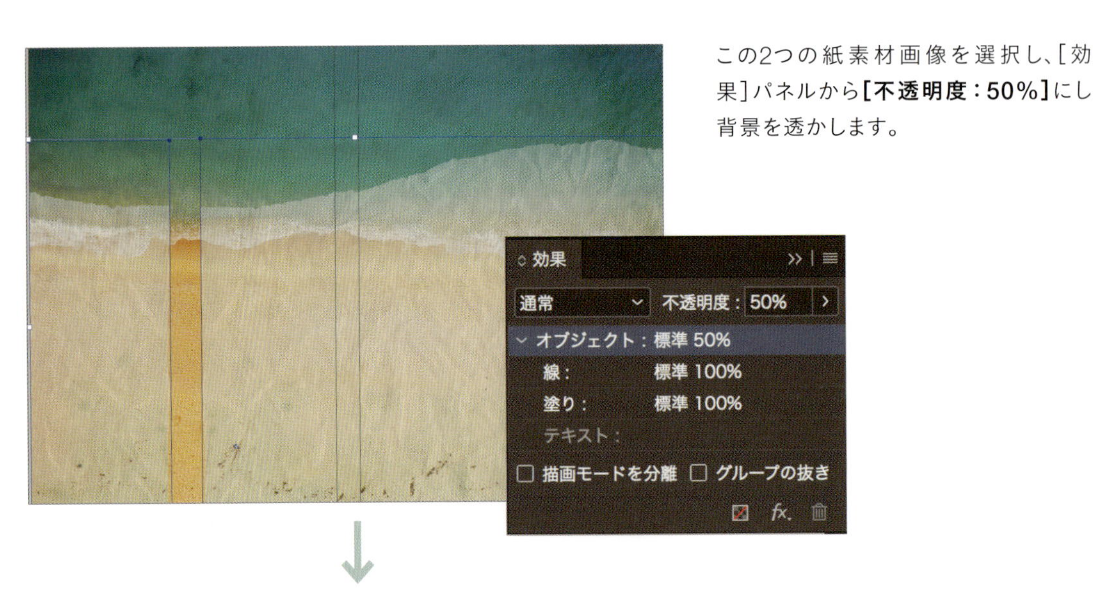

この2つの紙素材画像を選択し、[効果]パネルから**[不透明度：50%]**にし背景を透かします。

「⌘(Ctrl)+Cキー」でコピーし、**[編集]メニュー**から**[元の位置にペースト]**します。**[選択ツール]**で左斜め下へ少しずらします。**[不透明度：40%]**に変更し、重なる部分の背景が見えるようにします。

3

素材を型どる

下段に海底にある岩のイメージであしらいを足します。素材データから**[クリッピングパス]**の機能を使い、パスを抽出します。

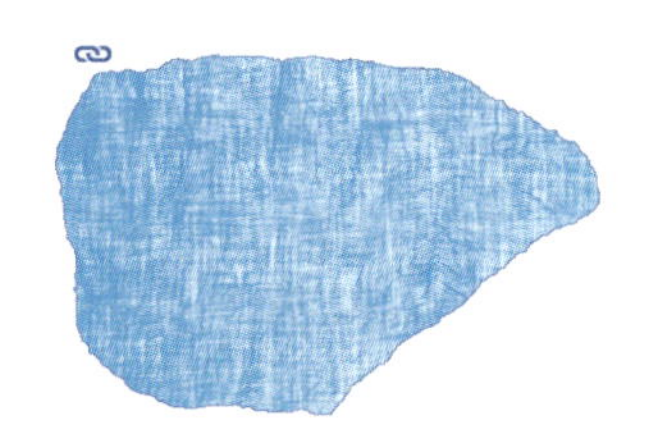

画像をパスフレーム化する

1 パスフレームに変換したい素材を配置します。**[オブジェクト]メニューの[クリッピングパス]→[オプション]**を選びます。

2 **[タイプ：エッジの検出]**に切り替え、[しきい値]や[範囲]を設定します。範囲は数値を上げるとパスの数が減り、ラフな形になります。細かすぎるとInDesignのデータが重くなる可能性があるので注意しましょう。

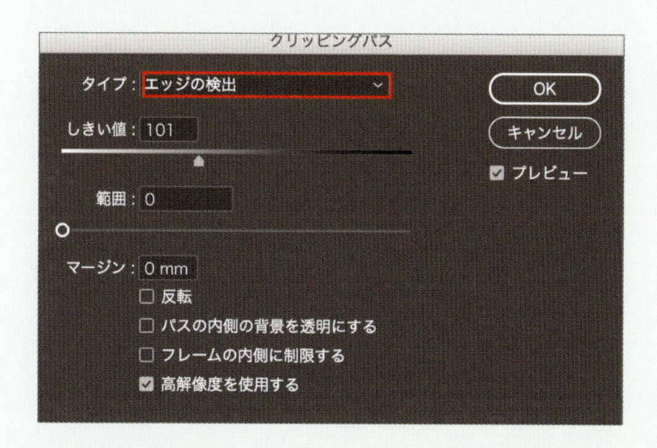

パスフレームにする元の写真データの保存形式はPSDやPNGで背景を透明にする必要があります。写真にクリッピングパスが付いているデータは、EPSでも変換できます。

3 再度**[オブジェクト]メニューの[クリッピングパス]**から今度は**[クリッピングパスフレームに変換]**を選択します。▷**(ダイレクト選択ツール)**で素材を選択し、「delete キー」を押して削除すると画像のパスフレーム化ができます。

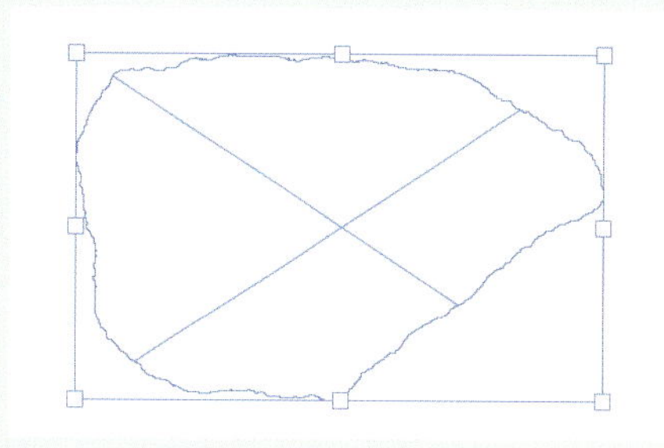

4 別の素材を**[ファイル]メニューの[配置]**で選択し、挿入します。

COLUMN

クリッピングパスがされている写真データをInDesign上でパス化するには

[オブジェクト]メニューの[クリッピングパス]→[クリッピングパスをフレームに変換]を選択します。**[ダイレクト選択ツール]**に切り替え、中の写真を削除すれば、パスフレームになります。

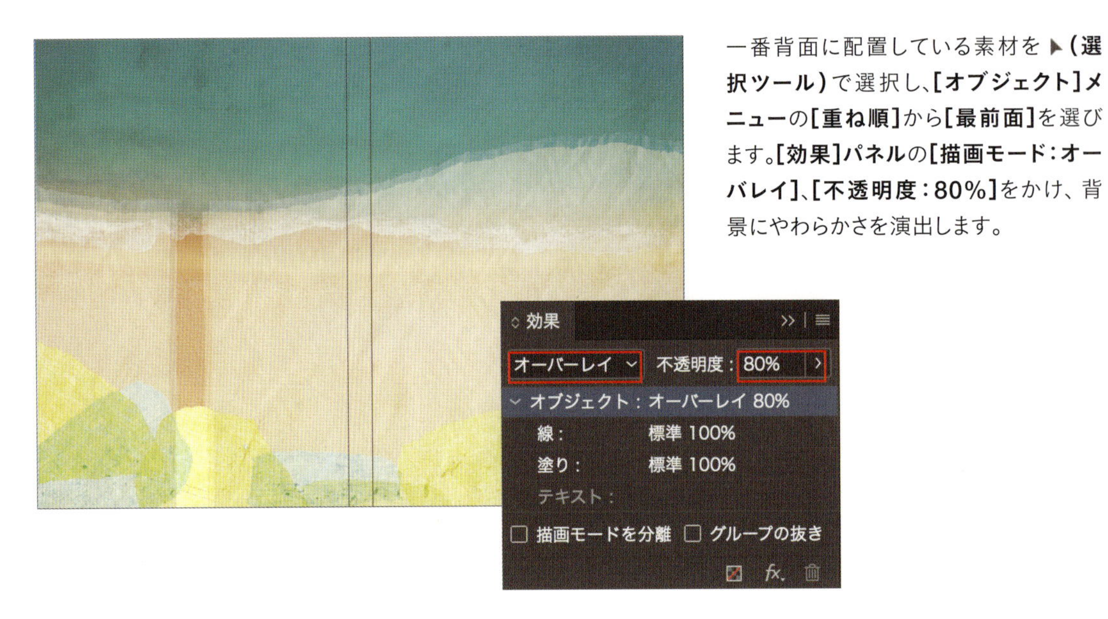

一番背面に配置している素材を ▶**（選択ツール）**で選択し、**[オブジェクト]メニュー**の**[重ね順]**から**[最前面]**を選びます。**[効果]パネル**の**[描画モード：オーバレイ]**、**[不透明度：80%]**をかけ、背景にやわらかさを演出します。

4

文字を配置する

表紙の場合、文字要素はタイトルと著者名が必ず入ります。タイトルにインパクトをもたせたいので、文字を大きく入れ、動きをつけます。書体は、やわらかさと、透明感が感じられるような明朝体を選びました。

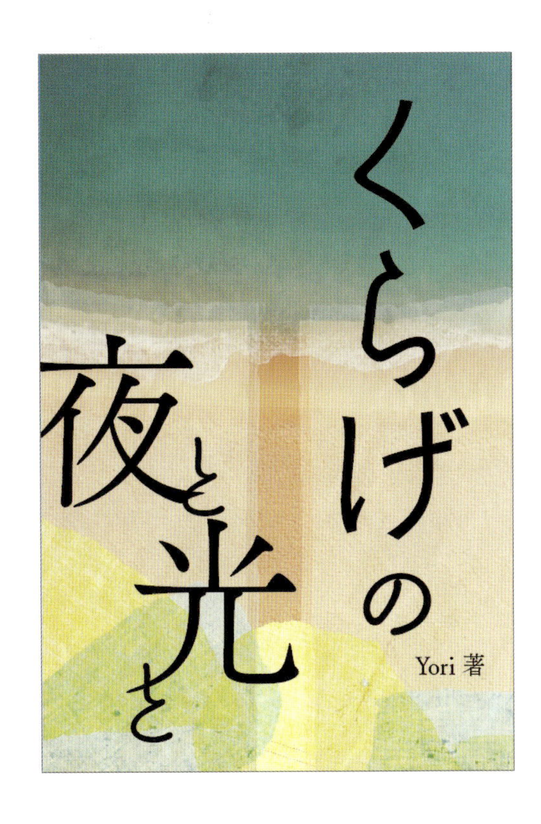

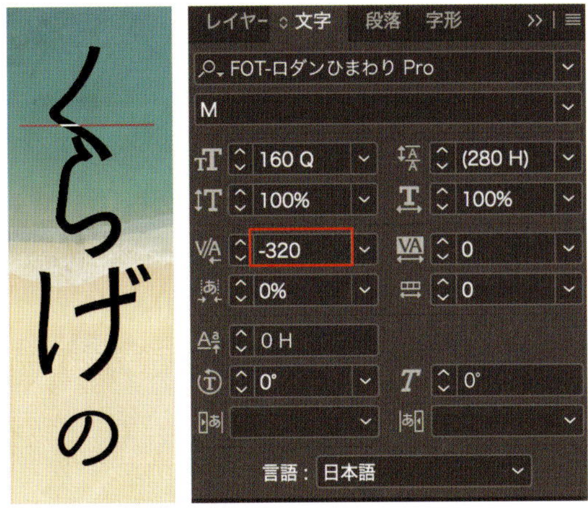

「くらげの」の部分も[文字]パネルを使って動きを出してみます。「く」と「ら」の間の字間を**[カーニング]**調整します。文字の間にカーソルをあて、「option（Alt）＋←キー」で字間が詰まり、「option（Alt）＋→」で空けることができます。

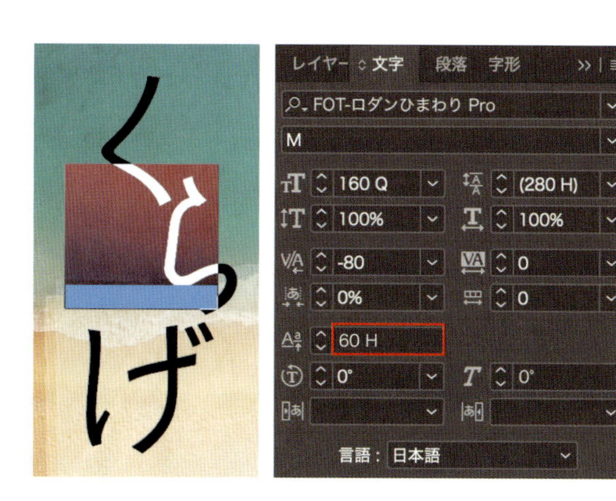

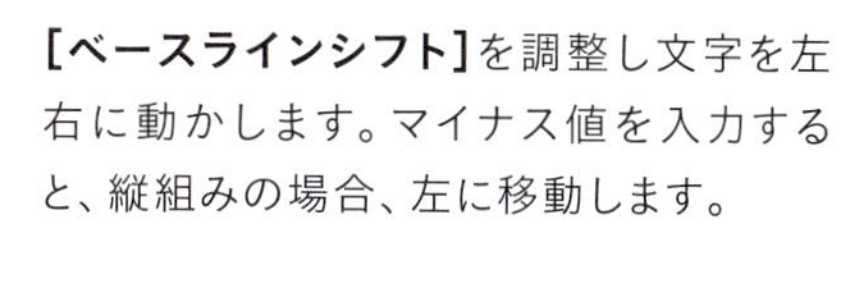

[ベースラインシフト]を調整し文字を左右に動かします。マイナス値を入力すると、縦組みの場合、左に移動します。

POINT
文字に濃淡がつき、メリハリのあるデザインに仕上げます

「⌘(Ctrl)+Cキー」でコピー、**[編集]メニュー**から**[元の位置にペースト]**で同じ位置に配置します。**[効果]**→**[描画モード]**→**[オーバレイ]**に変更します。

最後に全体を見直して完成です！

CASE 06

フォーマットに沿った旅行ガイドのパンフレット

繰り返し同じ設定が登場する、フォーマットに沿ったデザインには、デザインを一括で管理して作業すると効率が上がります。
ここでは、マスターや段落スタイル機能を使ったテクニックを解説します。

Resort

まだまだあった！世界の有名リゾートの見所

Blue Lagoon Beach in Malta island

透き通る青い海は何度でも入りたくなる定番スポット！

まるたとうのあおいうみ
マルタ島の青い海

情に棹させば流される。情に棹させば流される。智に働けば角が立つ。智に働けば角が立つ。情に棹させば流される。山路を登りながら、こう考えた。
意地を通せば窮屈だ。住みにくさが高じると、安い所へ引き越したくなる。山路を登りながら、こう考えた。情に棹させば流される。

TEL：0123-456-789
住所：Dummy Dummy Dummydummy 1-2-34
料金：デラックススイートルーム1泊1名¥50,000～
Web：dummy-hotel.com
アクセス：ダミー駅から徒歩10分

Travel Tips
旅する際の知恵袋

チップ用硬貨は常にいくつか持ち歩こう

どこへ越しても住みにくいと悟った時、詩が生れて、画が出来る。智に働けば角が立つ。どこへ越しても住みにくいと悟った時、詩が生れて、画が出来る。どこへ越しても住み智に働けば角が立つ。住みにくさが高じると、安い所へ引き越したくなる。智に働けば角が立つ。住みにくさが高じると、安い所へ引き越したくなる。山路を登りながら、こう考えた。

現地通貨がなくなったら街中の銀行へ行こう

どこへ越しても住みにくいと悟った時、詩が生れて、画が出来る。智に働けば角が立つ。どこへ越しても住みにくいと悟った時、詩が生れて、画が出来る。どこへ越しても住み智に働けば角が立つ。住みにくさが高じると、安い所へ引き越したくなる。智に働けば角が立つ。住みにくさが高じると、安い所へ引き越したくなる。山路を登りながら、こう考えた。

生活用水はミネラルウォーターを使おう

どこへ越しても住みにくいと悟った時、詩が生れて、画が出来る。智に働けば角が立つ。どこへ越しても住みにくいと悟った時、詩が生れて、画が出来る。どこへ越しても住み智に働けば角が立つ。住みにくさが高じると、安い所へ引き越したくなる。智に働けば角が立つ。住みにくさが高じると、安い所へ引き越したくなる。山路を登りながら、こう考えた。

スリに注意！カバンは閉まるものを使おう

どこへ越しても住みにくいと悟った時、詩が生れて、画が出来る。智に働けば角が立つ。どこへ越しても住みにくいと悟った時、詩が生れて、画が出来る。どこへ越しても住み智に働けば角が立つ。住みにくさが高じると、安い所へ引き越したくなる。智に働けば角が立つ。住みにくさが高じると、安い所へ引き越したくなる。山路を登りながら、こう考えた。

Great Sunset in Pulau Bali

青い海に沈む太陽の光が幻想的な風景を演出する

ばりとうのさんせっと
バリ島のサンセット

情に棹させば流される。情に棹させば流される。智に働けば角が立つ。智に働けば角が立つ。情に棹させば流される。山路を登りながら、こう考えた。
意地を通せば窮屈だ。住みにくさが高じると、安い所へ引き越したくなる。山路を登りながら、こう考えた。情に棹させば流される。

TEL：0123-456-789 住所：Dummy Dummy Dummydummy 1-2-34 料金：デラックススイートルーム1泊1名¥50,000～ Web：dummy-hotel.com アクセス：ダミー駅から徒歩10分

03

High Grade Hotel

＼穴場から定番スポットまで勢揃い／

世界の有名リゾートの見所

智に働けば角が立つ。智に働けば角が立つ。
どこへ越しても住みにくいと悟った時、詩が生れて、画が出来る。住みにくさが高じると、安い所へ引き越したくなる。智に働けば角が立つ。

Unexplored region in Hawaii

森の中のバンガローではBBQもできちゃうらしい!?

はわいのひきょうつあー
ハワイの秘境ツアー

情に棹させば流される。情に棹させば流される。智に働けば角が立つ。智に働けば角が立つ。情に棹させば流される。山路を登りながら、こう考えた。
意地を通せば窮屈だ。住みにくさが高じると、安い所へ引き越したくなる。山路を登りながら、こう考えた。情に棹させば流される。情に棹させば流される。意地を通せば窮屈だ。情に棹させば流される。住みにくさ

TEL：0123-456-789 住所：Dummy Dummy Dummydummy 1-2-34 料金：デラックススイートルーム1泊1名¥50,000～ Web：dummy-hotel.com アクセス：ダミー駅から徒歩10分

02

CASE

カテゴリー：旅行ガイドのパンフレット
仕様：B5（W182㎜×H257㎜）見開き　綴じ：右開き

ターゲット

SNS映えを意識する20代後半～30代女性

先方からの要望

▷スポットごとに、整理したレイアウトにしたい
▷SNS映えしそうなイメージ写真を大きく扱いたい

デザインコンセプト

▷トロピカルな明るい配色で、リゾート地のイメージを演出
▷写真と文字要素をまとめて、すっきりさせたレイアウトに

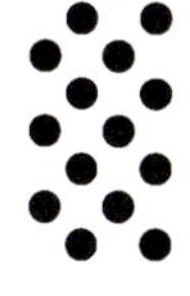

HOW TO DESIGN

InDesignを使ってデザインが完成するまでの
流れとつくり方をサンプルとともに詳しく解説していきます。

1 基本マスターを設定する

同じ要素を複数ページにわたって共通に配置するには、[マスターページ]で管理します。

2 写真を配置する

情報の多い構成は、[整列]を使って、グループ同士のまとまりを出します。[オブジェクトサイズの調整]機能を使って写真の配置作業をスムーズにします。

3 スタイルを活用して作業効率化を図る

繰り返し登場する設定は、一括して[段落スタイル]で管理すると、作業効率が格段に上がります。

4 文字を調整する

文字揃えやルビなど細部のデザインによって、読み手がスムーズに理解しやすくなります。目的に合わせた文字の組み方をしましょう。

5 写真に合番(あいばん)を加える

写真と文字情報が離れている場合は、番号をつけリンク付けをします。ここでは、[字形]機能を解説します。

つくり方は次のページへ

1

基本マスターを設定する

マスターページとは、デザインを一括管理するためのInDesign独自の機能です。ノンブルやツメなどの、全てのページに配置されるものは、基本マスターにインデックス（ツメ）を設定します。

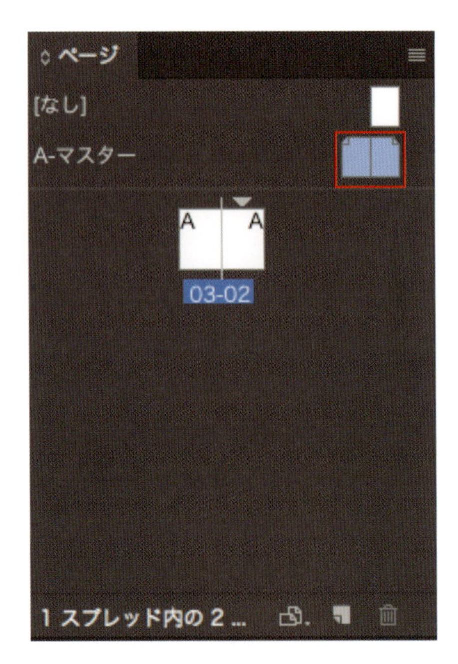

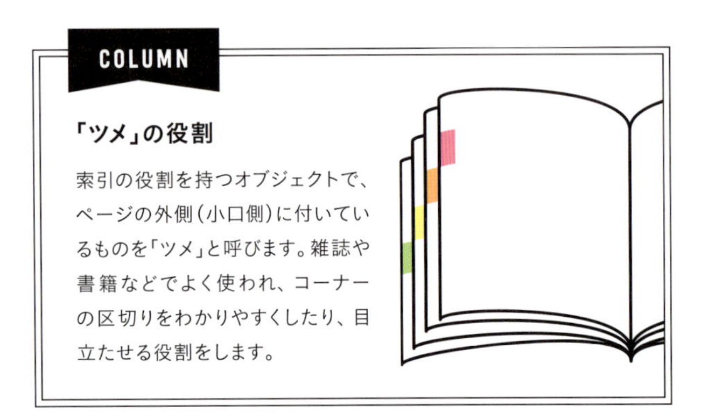

COLUMN

「ツメ」の役割

索引の役割を持つオブジェクトで、ページの外側（小口側）に付いているものを「ツメ」と呼びます。雑誌や書籍などでよく使われ、コーナーの区切りをわかりやすくしたり、目立たせる役割をします。

ツメをつくる

マスターページを編集するには**［ページ］パネル**を使います。
デフォルトでは**［A-マスター］**からダブルクリックをして編集します。

1 **（長方形ツール）**でベースとなる四角形を描きます。

2 **（横組み文字ツール）**、**（縦組み文字ツール）**で見出しの内容を打ち込みます。

3 書体のあしらいを整え、ツメにも飾りをつけて完成です。

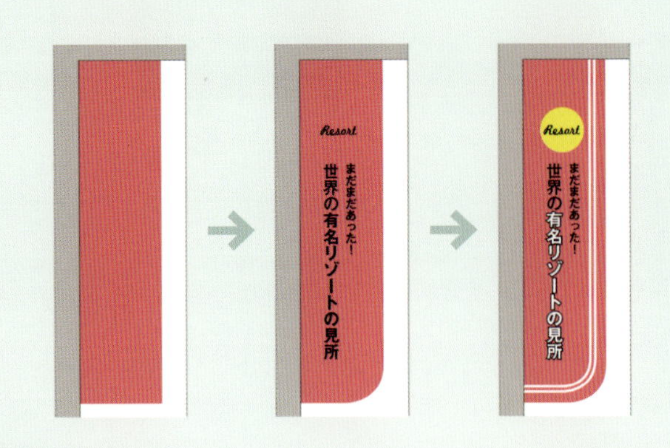

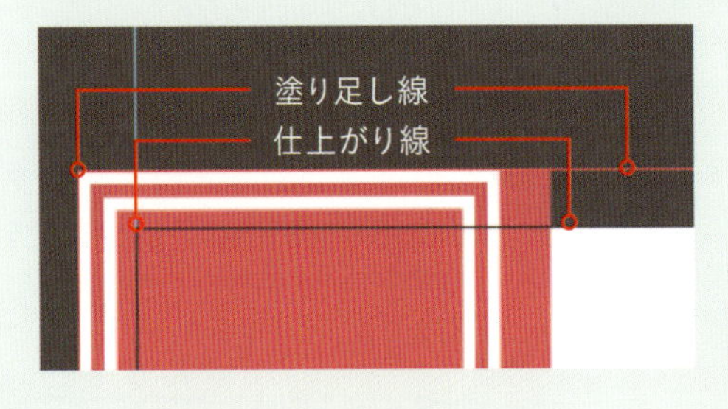

POINT
断裁のズレを配慮して、文字は小口側から5mm以上は離して配置しましょう

インデックス部分には必ず3mmの塗り足しを設定します。ドキュメントの赤いラインまでが塗り足す領域です。

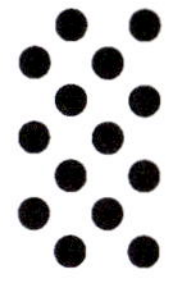

ノンブルを配置する

ページの増減があった場合、自動で番号が更新されます。

1. T.（横組み文字ツール）を持ってドラッグしてテキストボックスをつくります。

2. [書式]メニューから[特殊文字を挿入]→[マーカー]→[現在のページ番号]をクリックすると、マスターの記号（デフォルトだと“A”）が挿入されます。

3. 書体を選び、文字サイズを調整します。あしらいを加えて整えます。

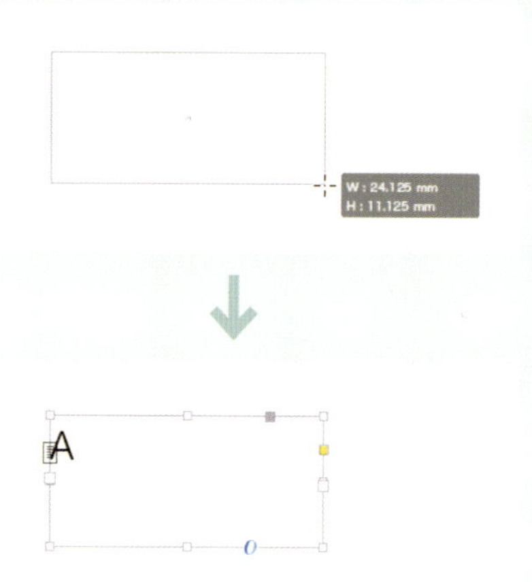

02
丸いオブジェクトを使ってカジュアルに。

02
色帯でツメの機能を兼ねたノンブルに。

02
スクリプト書体でエレガントな印象に。

02
下線のデザインでアクセントを。

マスターの一部分だけ編集する

マスターに配置したオブジェクトを一部のページだけ変更したい時には、「オーバーライド」機能を使います。

1. ▶（選択ツール）を選んだ状態で「⌘（Ctrl）＋shiftキー」を押しながら、編集したいオブジェクトをダブルクリックします。

2. ページに配置しているオブジェクトと同じように、編集が可能になります。

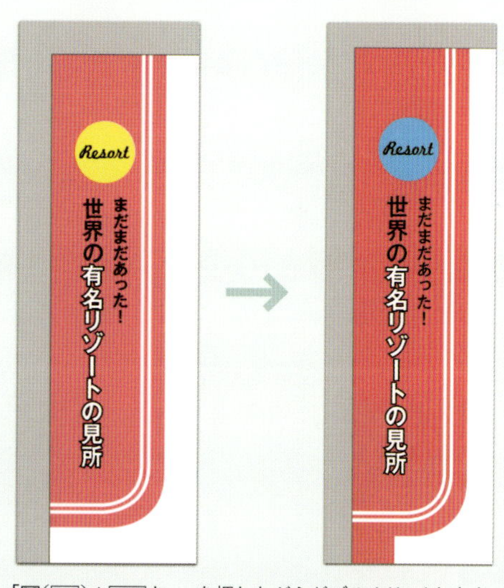

「⌘（Ctrl）＋shiftキー」を押しながらダブルクリックします。オブジェクトを選択し、色を変更しています。

2

写真を配置する

四角い写真を並べるだけのデザインでは単調なので、あしらいを加えます。写真の2点の角を変形して、アルバムに差し込んだような雰囲気が生まれます。

→

写真の間隔を整える

1. 揃えたい写真を「shift キー」を押しながら ▶(選択ツール)で複数選択します。

2. 基準にしたい写真を「shift キー」は押さずに再度クリックします。すると、枠が太くなります。

3. 間隔の指定に1mmと入力し、**[整列]パネル**の**[等間隔に分布]**をクリックします。

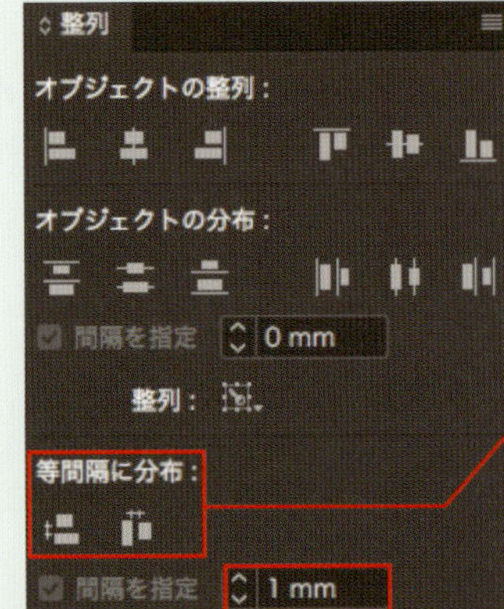

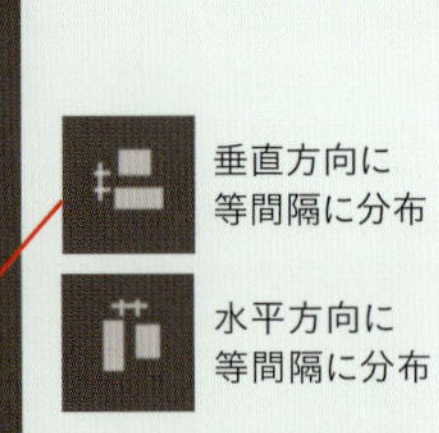

写真を2点選択し、右側の写真を基準の写真にします。

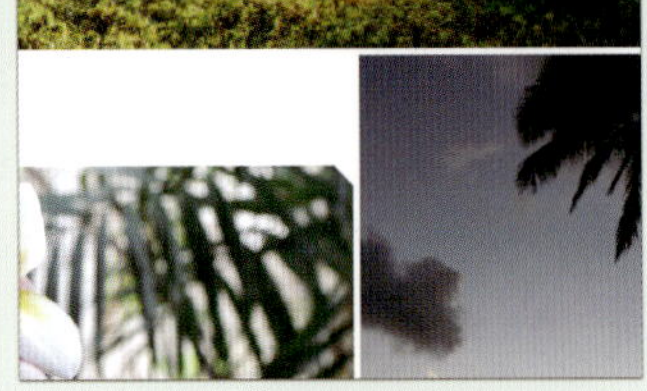

[水平方向に等間隔に分布]で調整し、ドキュメントの何も配置されていない場所をクリックして、選択を解除します。

上の写真と左の写真を選択し、上の写真を基準にして、**[垂直方向に等間隔に分布]**で調整します。

オブジェクトサイズを調整する

InDesignで写真を配置すると、トリミング用のフレームに入った状態になります。
フレームに対して写真を合わせる方法を紹介します。

1 写真を ▶ **(選択ツール)** で選択した状態で、**[オブジェクト]メニュー**から**[オブジェクトサイズの調整]**で、合わせたい内容に応じた項目をクリックします。コントロールパネルからも選択できます。

【 適用したサンプル 】

変更前

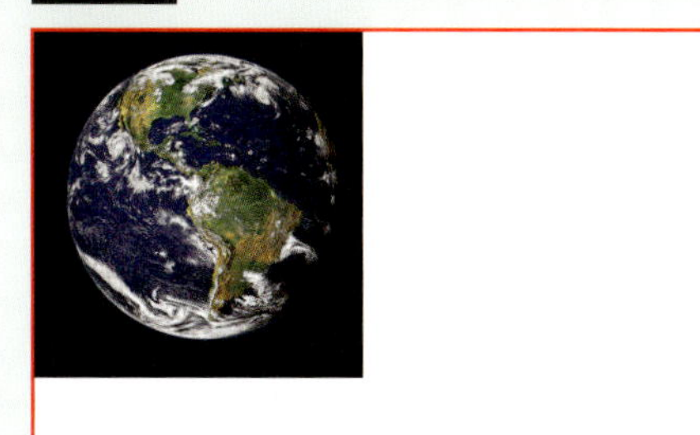

▷(ダイレクト選択ツール)で、フレーム内の写真のみを、縮小している状態です。

フレームに均等に流し込む

フレームの長辺に合わせて写真を拡大します。写真の一部がトリミングされます。

内容を縦横比率に応じて合わせる

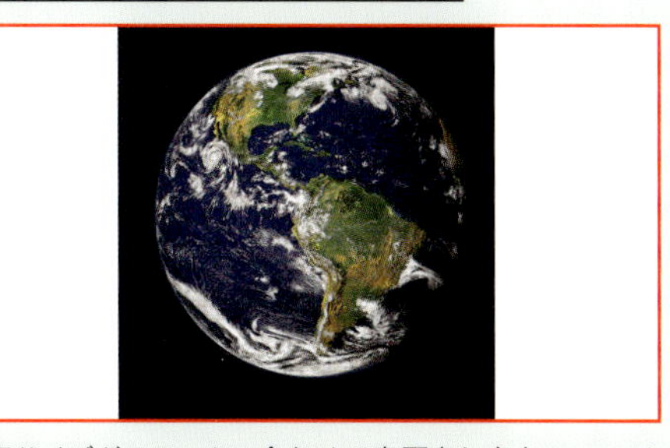

写真サイズがフレームに合わせて変更されます。フレーム内に余白が残ります。

フレームを内容に合わせる

写真サイズに合わせてフレームサイズを変更します。写真のサイズはそのままです。

内容をフレームに合わせる

フレームサイズに合わせて写真を変形します。縦横で拡大率が変わってしまうため、使用の際は注意が必要です。

内容を中央に揃える

写真サイズとフレームサイズは変更せず、写真をフレーム内の中央に配置します。

3

スタイルを活用して作業効率化を図る

小見出しや本文のように、何度も繰り返して同じ設定を行う場合は、**[段落スタイル]**を活用すると効率よく作業ができます。

段落スタイルを設定する

1 文字サイズや書体を設定します。▶**(選択ツール)**で登録するテキストボックスを選択します。**[段落スタイル]パネル**の右下にある■**(新規作成)アイコン**をクリックすると、新規スタイルがつくられます。ダブルクリックすると名前が変更できます。続いて、**[新規スタイルグループを作成]**■をクリックして、スタイルを整理します。マスター周辺のノンブル、ツメの書体なども設定し分類しておくと、変更の際に便利です。

2 段落スタイルを上書きしたい場合は、すでに適用されている部分を編集し、編集が終わったら、**[段落スタイル]パネル**の右上の≡**(オプション)メニュー**から**[スタイル再定義]**をクリックします。これで、適用箇所が一度に更新されます。

3 スタイルを適用します。▶**(選択ツール)**でテキストを選択した状態で、**[段落スタイル]パネル**の、適用したいスタイル名をクリックします。

4 段落スタイルを編集します。**[段落スタイル]パネル**の、編集したいスタイルをダブルクリックします。ダイアログが出るので、変更箇所を編集します。**[OK]**で閉じると、スタイルの適用箇所が全て更新されます。

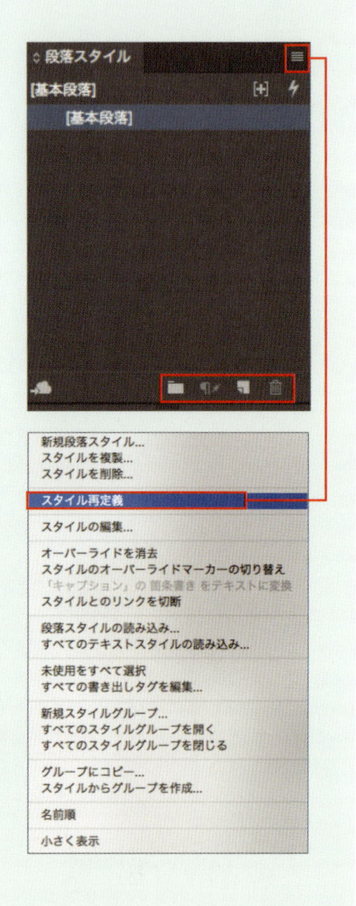

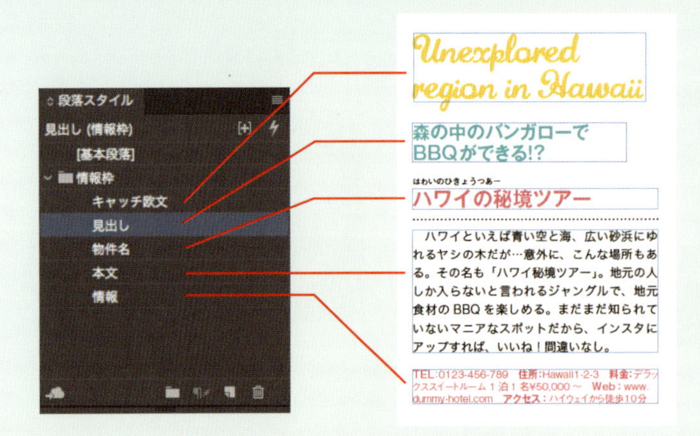

一部分のみ太字にしたいなど変更したい場合、段落スタイル設定から編集するのではなく、それぞれのテキストボックスを選び、書体や文字サイズの変更することも可能です。

文字を調整する

文字のベースラインを揃えることも、読みやすさに影響を及ぼします。横組みでは「欧文ベースライン」を基準にするのが一般的です。縦組みの場合は、中央に揃えるほうが、目線がスムーズに流れます。また、店名や商品名など固有名詞には「ルビ」と呼ばれるふりがなをつけてより読みやすくします。

文字揃えを変更する

1 文字を全て選択した状態で**[文字]パネル**→**[文字揃え]**→適用したい揃えを選択します。

【 適用したサンプル 】 ※黄色の線は、文字のベースラインです。

ルビを追加する

ふりがなは「ルビ」と呼び、ルビをつける文字を親文字と呼びます。親文字の端に揃えて表示するルビをつくります。

1 親文字をT.(**横組み文字ツール**)で入力します。

2 親文字を全て選択し、「control+クリック(右クリック)」→**[ルビ]**→**[ルビの位置と間隔]**をクリックします。

3 **[ルビ:]**に文字を入力します。今回は、**[種類:グループルビ][揃え:肩付き]**にします。

ハワイの秘境ツアー

はわいのひきょうつあー
ハワイの秘境ツアー

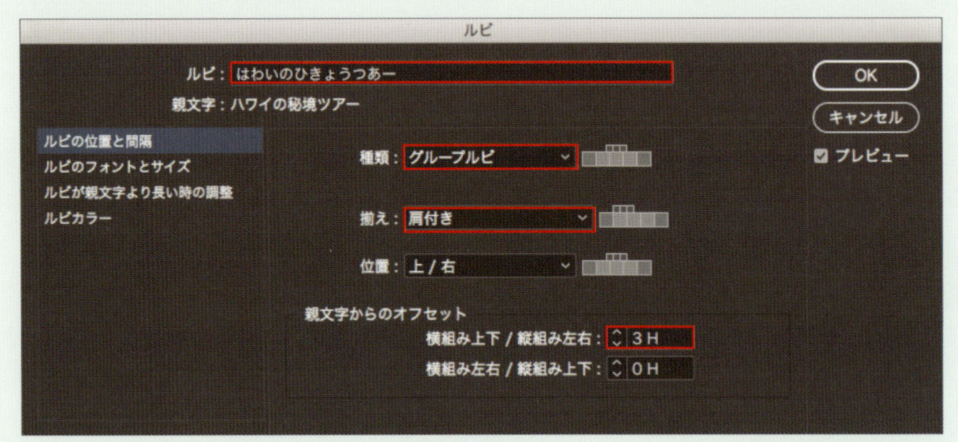

オフセットで、親文字とルビの間隔を変えることができます。

【グループルビ】 グループルビは、1ワード全体にルビをつける方法です。

中付き	右/下揃え	両端揃え	1-2-1(JIS)ルール	均等空き	1ルビ文字空き
さみだれ 五月雨	さみだれ 五月雨	さ み だ れ 五月雨	さ み だ れ 五月雨	さ み だ れ 五月雨	さ み だ れ 五月雨

【モノルビ】 モノルビは1文字ずつルビをふる方法です。

ルビ:とう きょう と
親文字:東京都

[ルビ]にかなを入力する際、1文字分ごとにスペースを空けて入力します。

中付き	右/下揃え	両端揃え	1-2-1(JIS)ルール	均等空き	1ルビ文字空き
とう きょう と 東京都	とうきょう と 東京都	と うきょうと 東京都	と う きょう と 東京都	と う きょう と 東京都	とう きょう と 東京都

5

写真に合番（あいばん）を加える

解説のキャプションが写真と離れる場合に、合番でリンク付けをして読みやすくします。
合番は視認性の高い外字と呼ばれる書体を使用します。

字形を使用する

文字変換では出ない記号や数字、旧字体の漢字など、**[字形]パネル**を使って、特殊な文字(外字)を挿入します。

1 **T.(横組み文字ツール)**で文字を入力します。外字の機能は、Opentypeフォントのみに搭載されています。

☆	A-CID 見出ミンMA31	a 文字もじモジ
☆	A-OTF A1明朝 Std	O 文字もじモジ
☆	マキ丸ハンド	Tr 文字もじモジ

[文字パネル]のフォント一覧に、この"O"マークがついているのが、Opentypeフォントです。

2 **T.(横組み文字ツール)**で外字にしたい文字を選択した状態で**[ウィンドウ]メニュー**から**[書式と表]→[外字]パネル**を表示します。選択した数字の異字体が一覧で表示されます。入力したい外字をダブルクリックすると、外字に置き換わります。

1 → 1

COLUMN

外字の便利な使い方

外字はテキストであるため、画像のリンク切れを防ぎます。**[字形パネル]**には、選択した文字の異字体を呼び出す以外に、ジャンルを絞って探す機能もあります。読み方のわからない記号やマークは、該当するジャンルから探しましょう。旧字体は、新字体を入力・選択して、候補から入力する方法が簡単です。

【 外字の例 】 ※「A-OTF中ゴシックBBB Pro」使用。

✂ …… ♨ ㊡ © ¼ ™
ⓐ ☎ ☜ ☃ ♪ ♨ ㊙ ⚾
㉜ ⑩⓪ 51 80 ✤ ♣ ㊤ ㊡
齋 惠 﨑 黑 簿 曙

最後に、花のあしらいや、筆記体のあしらいを入れて完成です！

CASE 07

手描きのテクスチャーを使った児童学習の広告

情報量の多いチラシでは、伝えたいキーワードや情報を整理し、
読み手の視線を自然と誘導するようにメリハリをつけることが大切です。
InDesignでロゴやオブジェクトを加工して可愛いデザインをつくります。

CASE

カテゴリー：児童学習の広告
仕様：A4（W210mm ×H297mm）ペラ

ターゲット

小さな子供のいる教育に関心のあるお母さん

先方からの要望

▷リトミックについてわかりやすくメリットを伝えたい
▷可愛いイラストを用いて楽しい雰囲気にしたい

デザイン
コンセプト

▷カラフルな配色で楽しさを演出
▷温かみのあるテクスチャーで安心感を

HOW TO DESIGN

InDesignを使ってデザインが完成するまでの
流れとつくり方をサンプルとともに詳しく解説していきます。

1 レイアウトの大枠を決める

レイアウト構成を考えてデザインします。

2 タイトル周りを加工する

テクスチャー素材を取り込んで立体感を出したタイトルをつくります。

4 あしらいのテイストを揃える

［効果］でかすれた加工を施します。

3 見出しを強調する

レイヤーを重ねずに段落機能を使って囲み罫をつくります。

5 ウェブサイトへ誘導する

目的に合わせたQRコードのつくり方を解説します。

6 背景にテクスチャーを配置する

背景い文字が馴染んでしまった場合の対処法を紹介します。

つくり方は次のページへ

1

レイアウトの大枠を決める

掲載情報が多いチラシでは、ビジュアルと、スペック要素をブロック化して、デザインを分割してみせます。分けることで、それぞれの情報を際立って伝えられ、視線もスムーズに誘導することができます。まず、どのように分割するか、「ガイド機能」を使って、スペース取りの目安をつくります。

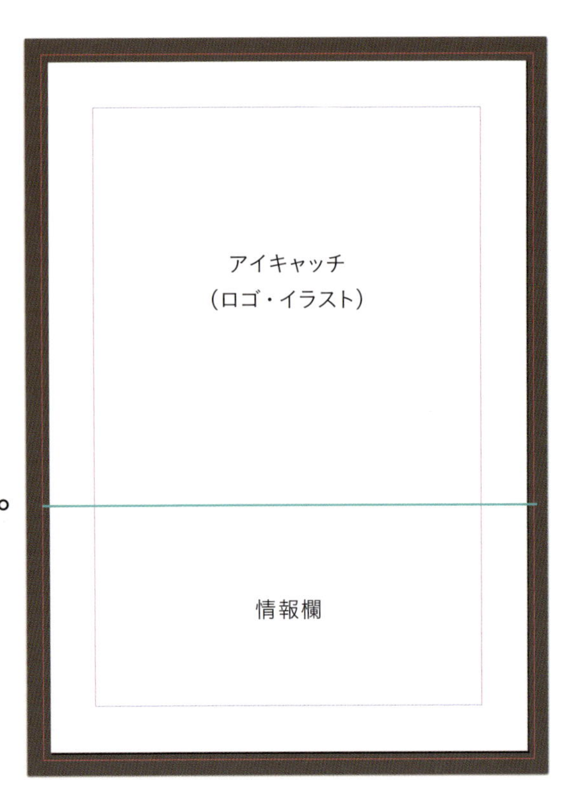

ガイドの線は、実際には印刷されない作業中にだけ表示される線のことです。

POINT

メインビジュアルのスペースの割合を広くとります。ドキュメントサイズの1/3程度のスペースにガイド線を引きます

ガイド線を引く

1. **[表示]メニュー**から**[定規を表示]**します。ドキュメントファイルの画面上部の定規をクリックして、ガイドを引きたい場所までドラッグします。縦のガイドの場合も同様に左の定規からドラッグして引きます。

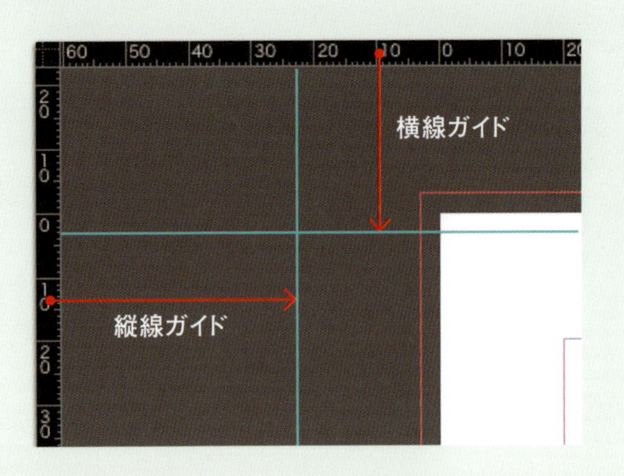

【 ショートカットキー 】

ショートカットを覚えるようにすると、作業効率が上がります。

ガイドを表示/非表示
「⌘(Ctrl)＋;キー」

ガイドをロック/ロック解除
「shift＋⌘(Ctrl)＋;キー」

2

タイトル周りを加工する

企画のタイトルは、一番目立たせたい部分です。可愛らしいやわらかな書体を選んだら、デザインに立体感を出すため手描きのテクスチャーを加えます。子ども向けには、カラフルな色使いで楽しげな印象を与えます。

ロゴにテクスチャーを配置する

1 T.(**横組み文字ツール**)で文字を入力します。

2 カーソルで1文字ずつ選択し、**[文字]パネル**の**[フォントサイズ][ベースラインシフト][回転]**を使って、文字に動きをつけます。

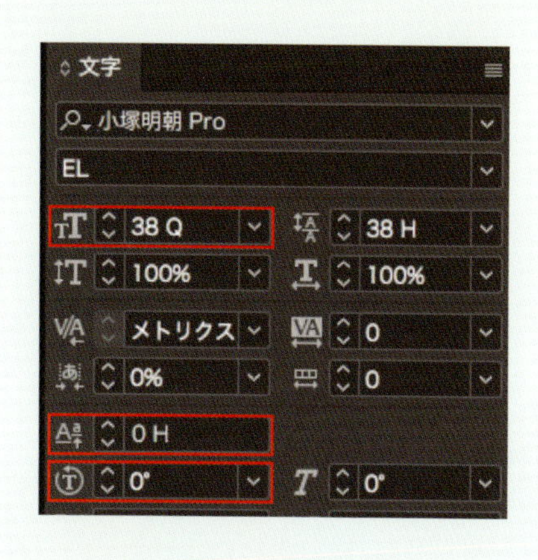

3 **[書式]メニュー**から**[アウトラインを作成]**をクリックして、アウトライン化します。

文字のアウトラインをかける際は、修正が発生する場合を見越して、アウトラインをかける前のデータも残しておきましょう。**(選択ツール)**で選択されたものを「option(Alt)キー＋ドラッグ」して、アートボード外に複製します。

単色で1行のテキストは、アウトライン後、1文字ずつ選択できないオブジェクトになります。テクスチャーを貼りたい場合は、色を複数使うか、2行に分けた状態にしてアウトライン化します。

4 **[ファイル]メニュー**から**[配置]**で、テクスチャー素材のファイルを配置します。アウトラインをかけた文字の上にカーソルを乗せると、付いて回るアイコンに(　)がついた状態になります。その状態で1文字をクリックすると、文字の中にテクスチャが配置されます。**(ダイレクト選択ツール)**で、文字内に配置した素材を選択し、スウォッチで色を変更します。この時素材の保存形式をPSD(カラー：グレースケール)に設定しています。他の文字も、同様に変更します。

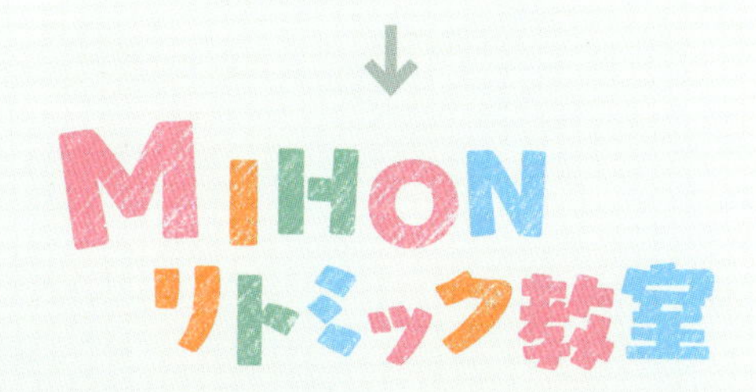

【 InDesignで色を変更できる形式 】

PSD グレースケール、モノクロ2階調

TIFF グレースケール、モノクロ2階調

グレースケールの場合は、レイヤーを背景に統合していないと、変更できません。

3

見出しを強調する

強調したいキーワードをあしらいます。**[段落囲み罫]**の機能を使って、文字に枠を加えます。

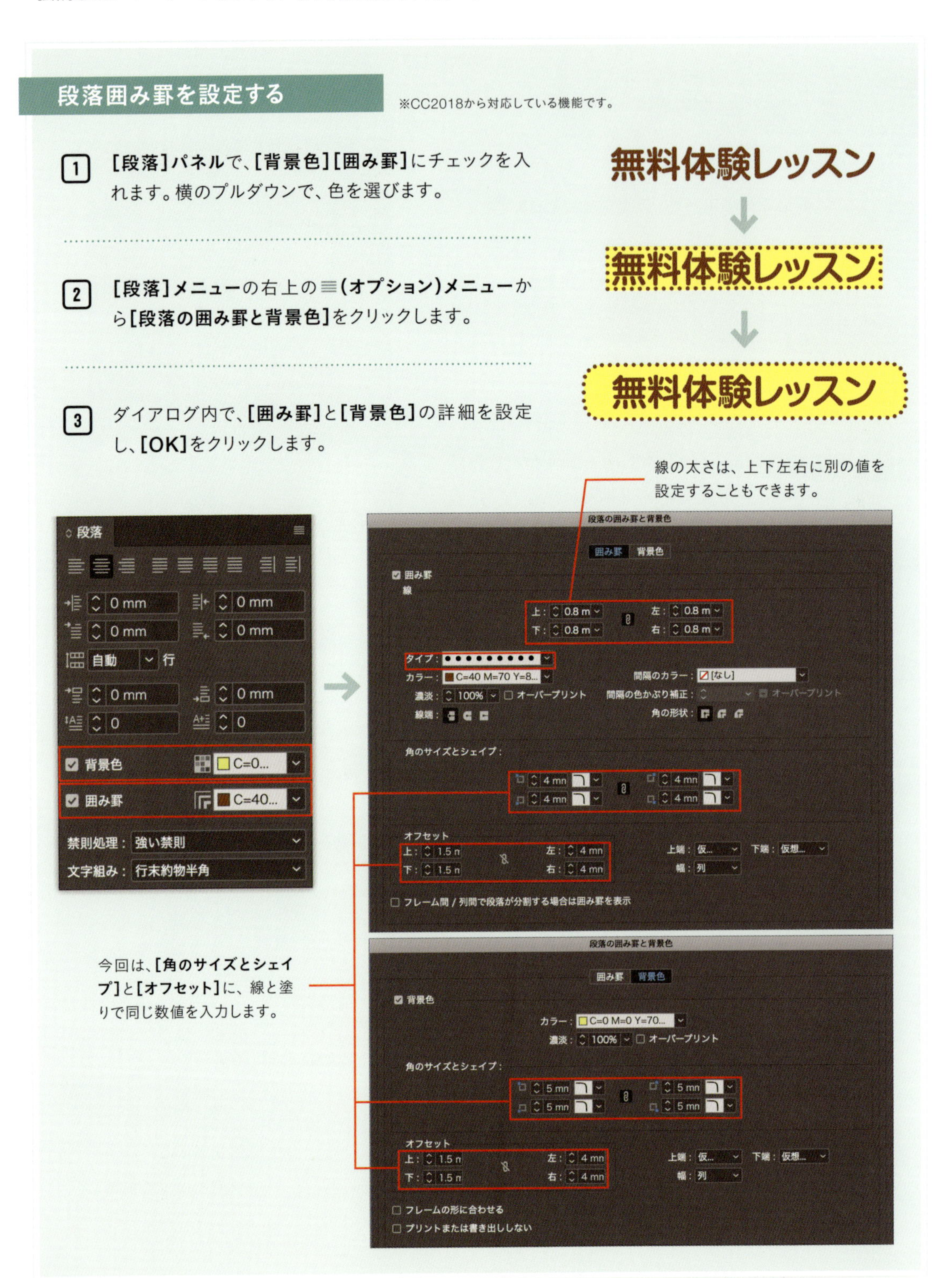
段落囲み罫を設定する
※CC2018から対応している機能です。
1 [段落]パネルで、[背景色][囲み罫]にチェックを入れます。横のプルダウンで、色を選びます。
2 [段落]メニューの右上の≡(オプション)メニューから[段落の囲み罫と背景色]をクリックします。
3 ダイアログ内で、[囲み罫]と[背景色]の詳細を設定し、[OK]をクリックします。
無料体験レッスン
無料体験レッスン
無料体験レッスン
線の太さは、上下左右に別の値を設定することもできます。
今回は、[角のサイズとシェイプ]と[オフセット]に、線と塗りで同じ数値を入力します。
段落
背景色
囲み罫
禁則処理：強い禁則
文字組み：行末約物半角
段落の囲み罫と背景色
囲み罫 背景色
角のサイズとシェイプ：
オフセット
フレーム間 / 列間で段落が分割する場合は囲み罫を表示
フレームの形に合わせる
プリントまたは書き出ししない

あしらいのテイストを揃える

タイトルの手描きのテクスチャーに合わせ、背景に敷いているオブジェクトもかすれた質感を出します。

オブジェクトをかすれさせる

1 ▶(選択ツール)で加工したいオブジェクトを選択します。

2 「control+クリック(右クリック)」→**[効果]**→**[基本のぼかし]**を選択します。

3 ぼかしやチョーク、ノイズのサイズを設定します。

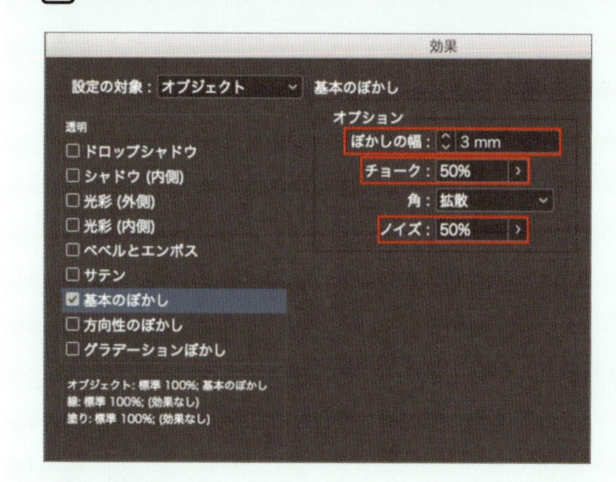

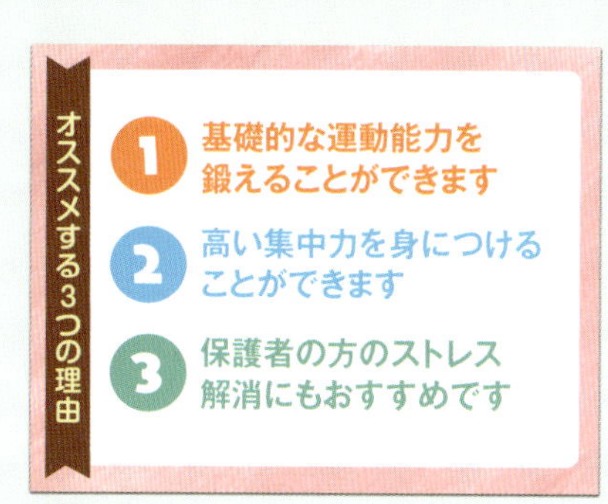

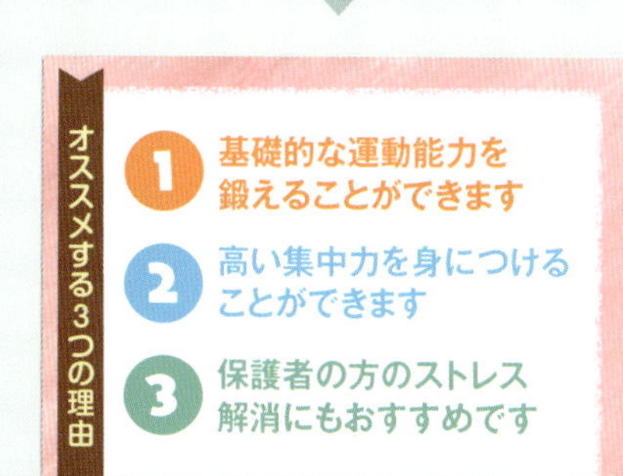

[ノイズ]の値が大きくなるほど、ハードな印象になります。

COLUMN

InDesignの効果の応用

[効果]の機能は、複数を重ねてつけることができます。工夫次第でいろいろなデザインに応用することができます。

文字色を白にして、**[ドロップシャドウ]**、**[シャドウ(内側)]**、**[光彩(内側)]**をかけたもの。

[グラデーションぼかし]をつけた写真。

[ドロップシャドウ]と**[光彩(外側)]**をつけた写真。

5

ウェブサイトへ誘導する

広告を見て興味を持ってくれたターゲットが、問い合わせや詳細を確認するために、ウェブサイトへアクセスできるURLとQRコードを挿入します。InDesignでは、**[QRコードを生成]**を使って、簡単にQRコードをつくれます。

QRコードを生成する

1 **[オブジェクト]メニュー**から**[QRコードを生成]**をクリックします。

2 **[種類：Webハイパーリンク]**を選び、**[URL：]**の欄に、リンクさせたいウェブサイトのURLを入力します。今回は初期設定カラーのまま使います。

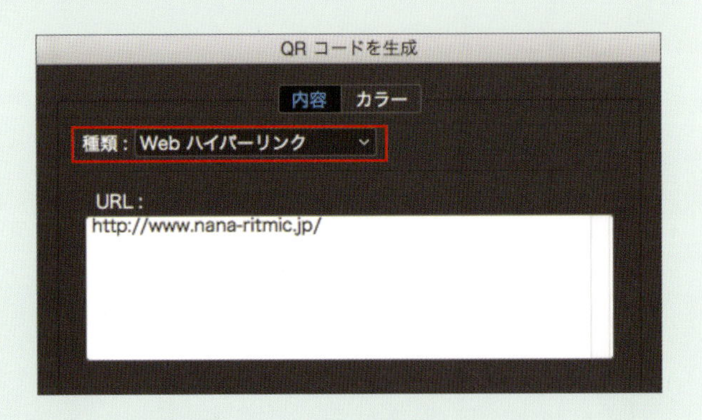

【［種類］で選べる内容一覧】

●Webハイパーリンク
もっとも普及している用途です。QRコードを読み込むと、指定したURLにジャンプできます。

●書式なし
QRコードを読み込むと、テキストを表示します。InDesignで、表示するテキストを設定します。

●テキストメッセージ
QRコードを読み込むと、SMSを作成します。InDesignで、宛先の番号とメッセージを設定します。

●電子メール
QRコードを読み込むと、メールを作成します。InDesignで、宛先のメールアドレス、件名、メッセージの内容を設定します。

●名刺
QRコードを読み込むと、アドレス帳に連絡先を登録できます。InDesignで、名前・住所・肩書き・会社名・電話番号・メールアドレスなど、アドレス帳に登録できる内容を設定します。

3 挿入したい場所をクリックし、QRコードを配置します。

QRコードを入れる際は、必ずテスト印刷をして、読み込めるか確認しましょう。カラーやサイズによっては、正しく読み込めないことがあります。

4 作成したQRコードは、「control＋クリック（右クリック）」→**[QRコードを編集]**で再編集できます。

背景にテクスチャを配置する

デザインのイメージに合わせて、水彩のテクスチャー素材を背景に配置します。文字情報に注目してもらえるよう、背景は淡い色味にします。文字情報は可読性を高めるために**[効果]**を使って処理をします。

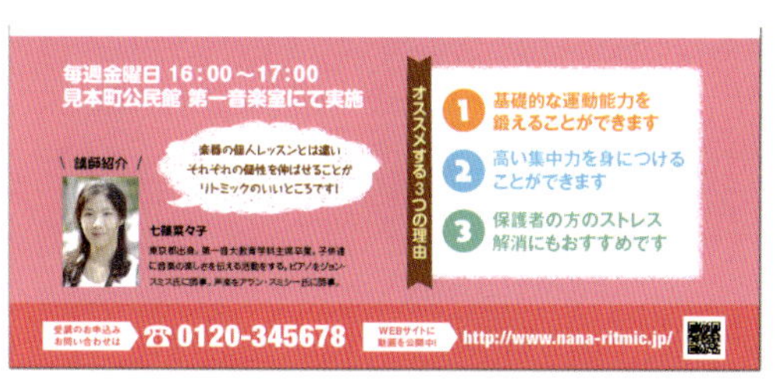

タイトルの手書きの質感に全体のトーンを揃えると、デザインにまとまりが出てきます。

文字に光彩をつける

1 「control+クリック(右クリック)」→**[効果]**→**[光彩(外側)]**をクリックします。

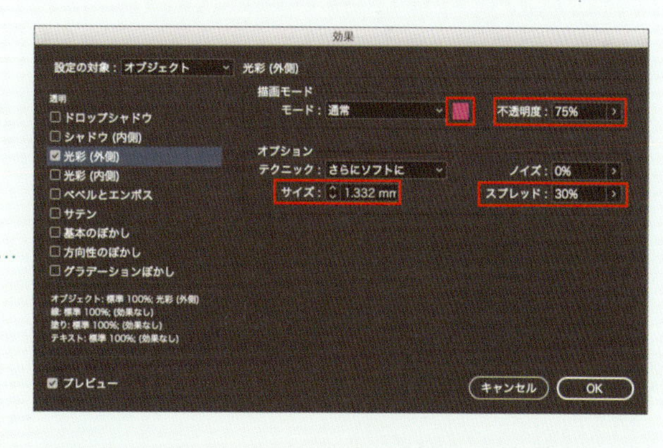

2 テクスチャの色に近いカラーを設定します。**[スプレッド：30%]**に設定することで、よりくっきりした光彩になります。

毎週金曜日 16:00～17:00
見本町公民館 第一音楽室にて実施

→

毎週金曜日 16:00～17:00
見本町公民館 第一音楽室にて実施

空いたスペースにイラストのあしらいを配置して完成です！

CASE 08

ハンドメイドであしらう結婚式の招待状

招く人の年齢層に合わせて読みやすい文字サイズでデザインしましょう。
ドレスや式場の雰囲気のイメージが伝わるように仕上げていきます。

CASE

カテゴリー：結婚式の招待状
仕様：B6判（W128㎜×H182㎜）ペラ

ターゲット

20代〜40代の知人向け

先方からの要望

▷式場の装花の雰囲気と合わせたい
▷海外の洋書のようなシンプルで大人っぽいデザインにしたい

デザイン
コンセプト

▷写真が引き立つように、色数を抑えた
▷文字をかすれさせたり、字間を空けたりゆったりとした空気感を演出した

InDesignを使ってデザインが完成するまでの
流れとつくり方をサンプルとともに詳しく解説していきます。

1 ドキュメントを作成する
イメージに合わせたマージンの設計を立てます。

2 写真と文字を配置する
読み手に合わせた文字の大きさを配慮しレイアウトします。

3 タイトルを調整する
［カーニング］で美しい文字組みに整えます。

4 文字を加工する
文字にアウトラインをかけずに、かすれ加工を施します。

6 背景にフレームを追加する
罫線で全体を引き締めます。

5 写真を飾る
写真の影や角を変えて華やかさを演出します。

7 あしらいを追加する
アクセントを加え華やかに。

つくり方は次のページへ

1

ドキュメントを作成する

最初の作業として、レイアウトスペースの四辺のマージン幅を決めることで、デザインの方向性を設計しやすくなります。新規ドキュメントを**[ファイル]メニュー**から**[新規]**→**[ドキュメント]**を選択し、**[新規ドキュメント]**ウィンドウを開きます。

> **COLUMN**
>
> **用途に合わせたマージン設定**
>
> 要素を配置しない余白のことを「マージン」と言います。マージンが狭いと、レイアウト面積が増えるためにぎやかな印象を与えます。逆にマージンが広いと、余白面積が増えるため上品で落ち着きのあるレイアウトに適しています。

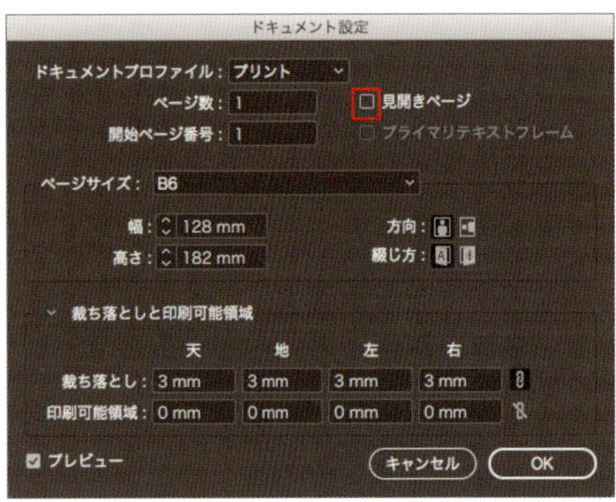

単ページにしたい場合は、「見開きページ」のチェックを外します。

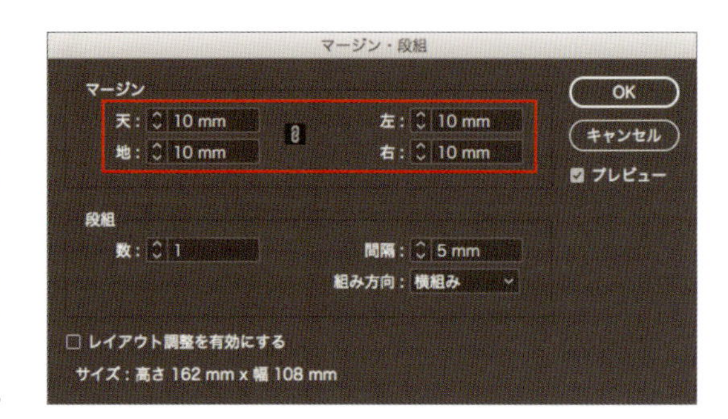

2

写真と文字を配置する

どこを強調して見せたいのか、写真の配置を検討します。裁ち落としを使うことで、写真に奥行きや広がりを感じさせ、インパクトのあるレイアウトになります。1ページに1点写真を大きく扱ったら、ほかの写真は小さめに配置することで、デザインにメリハリをつけます。

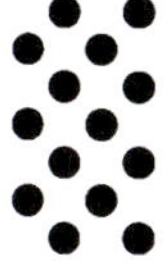

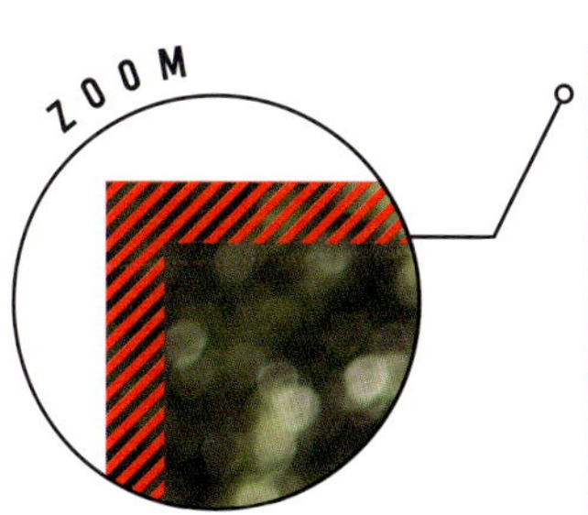

仕上がりの黒線から、外側の赤線までが塗り足しの領域になります。

COLUMN

裁ち落としとは?

一般的な印刷物は、仕上がりサイズよりも天地左右を約3mm大きくつくります。断裁で多少のズレが生じても、白い隙間が出ないようにするために塗り足しをつくります。この断裁される領域を「裁ち落とし」といいます。

Invitation

謹啓　新緑の候
皆様にはますますご清祥のこととお慶び申し上げます
かねて婚約中の私たちは
このたび結婚式を挙げ
新しい第一歩を踏み出すことになりました
つきましては　日頃ご交誼いただいております皆様に
より一層のご指導を賜りたく
ささやかながら小宴を催したいと存じます
ご多用中　誠に恐縮ではございますが
ぜひご出席をいただきたく　ご案内申し上げます
敬白

2023年4月吉日
西田　健
片山　麻里江

文字を配置します。招待状を送る相手の年齢層に合わせて、読みやすい文字サイズに調整します。ゲストに年配の方がいる場合は、大きめの文字サイズにして読みやすさを配慮します。また、しっかり読ませたい情報は、飾り的な書体ではなくユニバーサルデザインを心がけます。

POINT

冠婚葬祭の文章には、ルールがあります。「お祝いごとには終止符を打たない」という意味を込めて「、」「。」などの句読点は使わないのがマナーです。縁起の悪い言葉、言い回しや、漢字の使い方にも十分注意するよう心がけましょう

3

タイトルを調整する

要素が少なくシンプルなデザインほど、細部まで整える必要があります。文字の形状に合わせてそれぞれの字間の空きを調整して、美しい文字組みに整えます。

> **COLUMN**
>
> **「プロポーショナルフォント」とは？**
>
> プロポーショナルフォントとは、文字毎に文字幅が異なるフォントのことです。欧文書体の多くには、自動的に字間が調整されますが、隣り合う個々の字間の空きが均等に見えない場合は、手動で調整する必要があります。

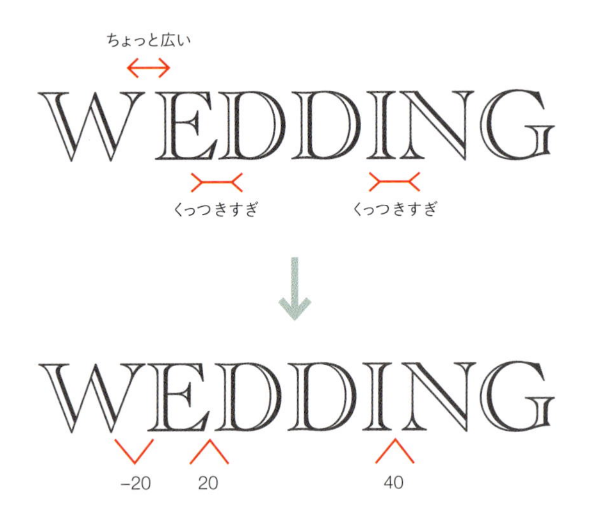

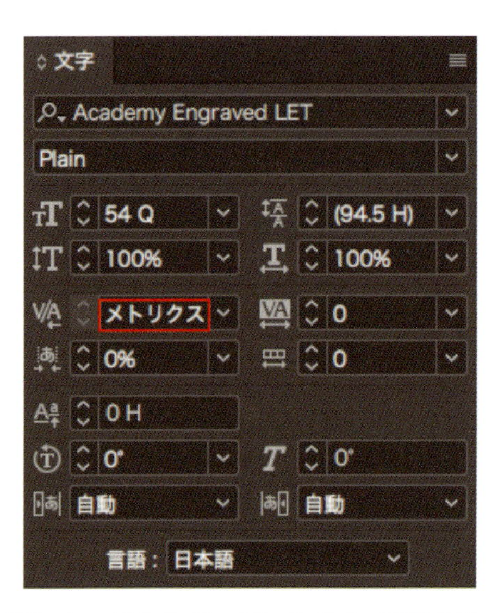

T（横組み文字ツール）を選択肢、調整したい文字の間の位置にカーソルを持っていきます。字間を空けたい場合、「option（Alt）+→キー」で調整します。字間を詰めたい場合は、「option（Alt）+←キー」で調整します。

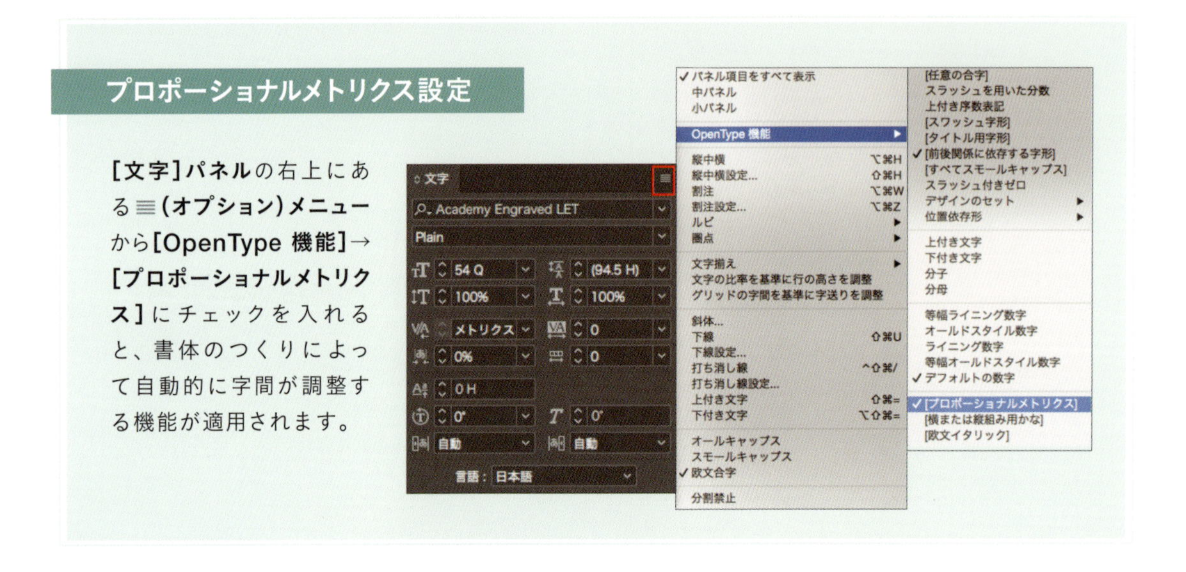

プロポーショナルメトリクス設定

[文字]パネルの右上にある≡**（オプション）メニュー**から**[OpenType 機能]→[プロポーショナルメトリクス]**にチェックを入れると、書体のつくりによって自動的に字間が調整される機能が適用されます。

WEDDING

WEDDING

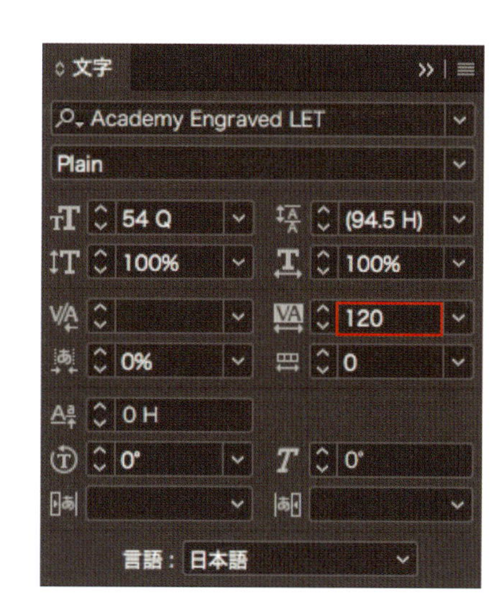

[文字]パネルの**[トラッキング]**で字間を空けます。トラッキングは、個々の文字間ではなく、一律に字間を空けます。マイナス値を入力すると、文字が詰まります。

4

文字を加工する

タイトルにかすれた加工を加えて、アンティークのような味わいのある雰囲気に仕上げます。

文字をかすれさせる

1 **(選択ツール)**で加工したいテキストボックスを選択します。

Reception

2 **[オブジェクト]メニュー**から**[効果]→[方向性のぼかし]**を選択します。**[ぼかしの幅]**と**[ノイズ]**を設定します。

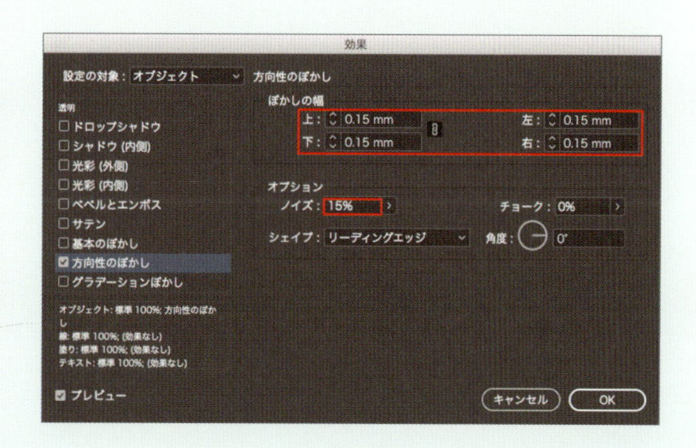

Reception

5

写真を飾る

華やかさを演出するために、角版写真に**[角オプション]**機能を使って角に変化をつけ、背面に色地を敷いて立体的にデザインします。

写真の角を変更する

(選択ツール)で写真を選択し、**[オブジェクト]メニュー**から**[角オプション]**→**[角のサイズ：2mm][シェイプ：丸み(内)]**に設定します。

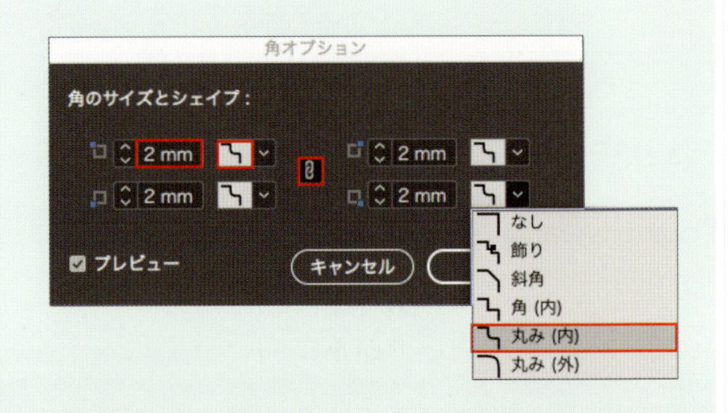

【 角の種類 】

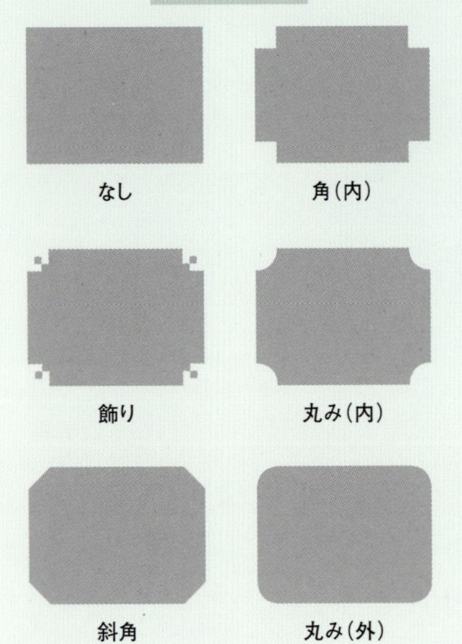

ここでは、**[丸み(内)]**、**[サイズ：3mm角]**に設定しました。

オブジェクトを重ねる

1 (選択ツール)で写真を選択し、[編集]メニューから[繰り返し複製]→[カウント：1][オフセット：各0.5㎜]に設定し、右斜め下にずらして複製します。

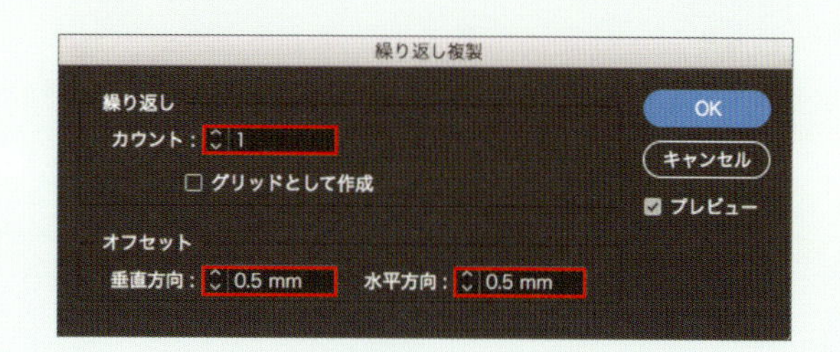

2 (ダイレクト選択ツール)を選択し、複製された写真をクリックし「delete キー」で削除します。

3 (選択ツール)に切り替え、写真を削除したオブジェクトを選択し、スウォッチで色を選択します。[オブジェクト]メニューから[重ね順]→[最背面へ]を設定すると、写真の下にオブジェクトが配置されます。

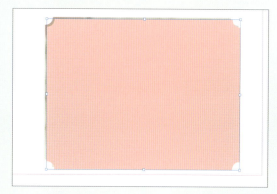

POINT

背景に敷いたオブジェクトの中に、テクスチャー素材を入れることもできます

6

背景にフレームを追加する

白地が目立ち、散漫な印象なので、フレーム枠を入れて引き締まったデザインにします。表紙のタイトルがもっとも伝えたい内容なので、あくまでタイトルよりも目立たないような、さりげないフレームにします。ページを枠で囲む場合は、裁ち落としから最低5mm以上離して配置しましょう。

罫線の種類を変更する

[文字]パネルでは、線の種類や太さだけではなく、いろいろな機能があります。線の先端に矢印や円などを追加できます。また、点線や二重線などには**[間隔カラー]**で間隔部分のみ色を付け加えることもできます。

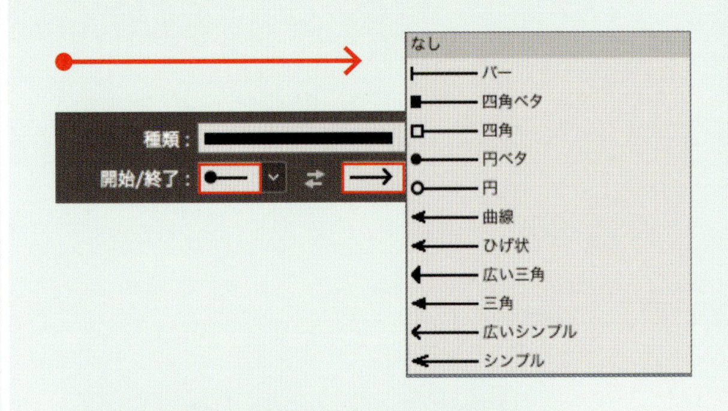

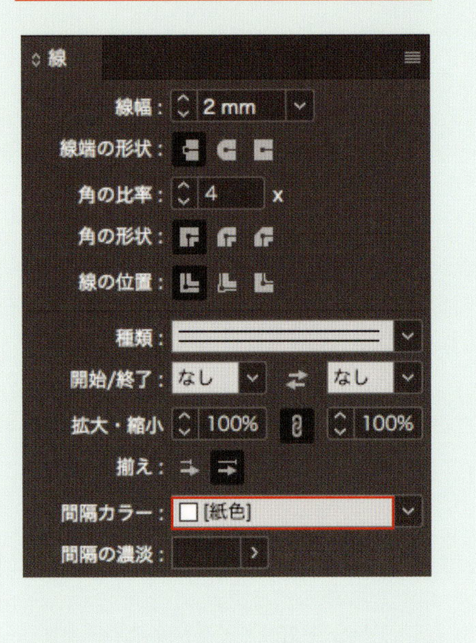

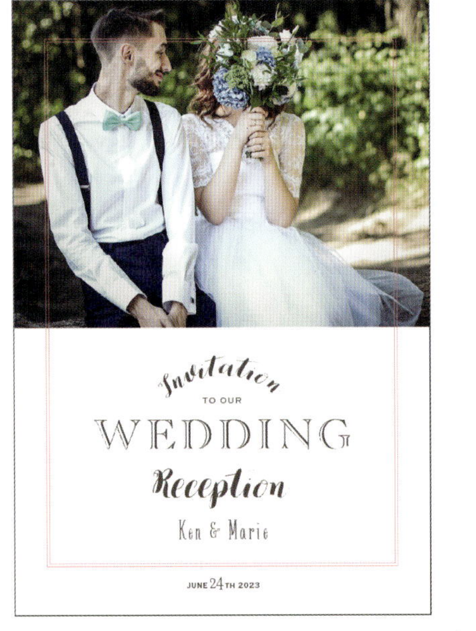

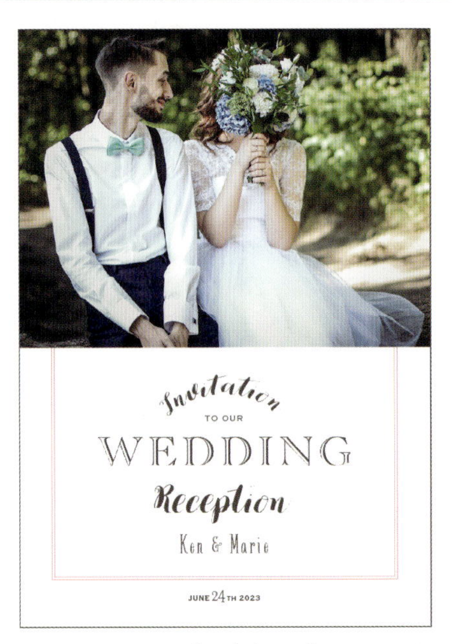

フレーム枠が写真の前面に配置されている場合は、▶**(選択ツール)**でフレーム枠を選択し、**[オブジェクト]メニュー**から**[重ね順]→[最背面へ]**を選択して写真の背面に配置します。

あしらいを追加する

お花の素材を加えて、華やかさを演出します。式場の装花と色みや雰囲気を揃えると、イメージが伝わりやすくなります。文字情報がしっかり目立つように、あしらいの濃度を薄くして背景に馴染ませます。

▶(選択ツール)で加工したいテキストボックスを選択します。[効果]パネルの[不透明度]で濃度を調節します。

写真を拡大縮小する

1 ▶**(選択ツール)**で大きさを変えたい写真を選択します。
トリミングをしたい場合は、▷**(ダイレクト選択ツール)**で写真ボックス内を選択します。

2 **(拡大/縮小ツール)**のアイコンをダブルクリックします。ウィンドウが表示されたら、数値を入力して大きさを整えます。

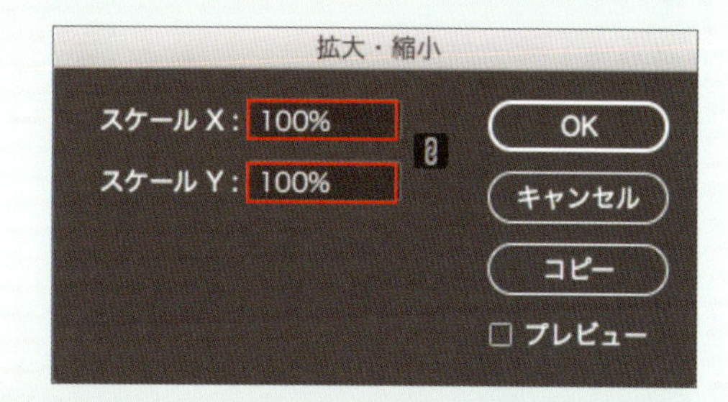

コントロールパネルから設定することも可能です。

最後に背景色を敷いて調整したら完成です！

文字機能を駆使した地域情報のフリーペーパー

文字を写真に回り込ませたり、文頭にアクセントをつけたりして
文字と写真を魅せるデザインをつくってみましょう。

2021 Spring

LIFE STYLE News

WORLD TRAVEL POST BY AIR MAIL PAR AVION

topics 1

苺をふんだんに使った新しい春の味

Sweets

昨年オープンしたカフェで、4月から1ヶ月間期間限定のオリジナルパフェが誕生しました。福岡県産の大粒で甘味の強い「あまおう」を使ったイチゴのパフェです。丸くて可愛い形のあまおうをふんだんに使っています。ナッツやベリーがたくさん入ったグラノーラ、その上にイチゴと北海道産の牛乳を使った自家製生クリームとチーズクリームがのっています。「あまおう」は福岡県ではそれまで「とよのか」が主力品種とされていましたが、より高品質なイチゴを目指し開発されました。

あまおうの特徴の1つはサイズが大きいことです。見た目も丸みのある形をしています。味も甘味と酸味がほどよくあり、果肉はしっかりしていてジューシーです。「あまおう」という名前は、福岡県内での公募で命名されました。「赤い」「丸い」「大きい」「うまい」の頭文字を合わせたもので、「甘いイチゴの王様になれるように」との意味も込められているそうです。「博多あまおう」ともいわれています。

新鮮な苺が特製のクリームと楽しめる苺のパフェ。750円

topics 2

お家で多肉植物をオシャレにディスプレイ

Plans

最近よく雑貨屋さんや百円均一ショップでも見かける、見るとついつい触ってみたくなる多肉植物。小さくてもお部屋を彩るアイテムとして、また育てるのにあまり面倒がかからないという点でも人気です。そんな多肉植物をお部屋の中に手軽に可愛くインテリアとして飾るためのコツを雑貨店の店長さんに聞いてみました。多肉植物は、肉厚な茎や葉に水を貯めることができます。その多くは、乾燥地に適応するため、水を蓄えるようになったものと考えられています。育て方も系統によってはさまざまではありますが、基本的にお水を他の植物のように毎日あげる必要はなく、土が乾いてきた頃にあげるなど、手間がかかりません。

多肉植物はさまざまな系統あります。アロエ科、サボテン科、ベンケイソウ科、ハマミズナ科、などのような多くの種が多肉化した科もあります。

Column

ドライフラワーとアンティークの花の挿絵

東京銀座ギャラリーにてフランスのアンティークの花の挿絵とそれにちなんだ植物をドライフラワーにした展示会が開催されます。古い時代の挿絵と現代にも生息する草花との融合が見られ、ディプレイの参考におすすめです。

info
「ドライフラワーとアンティーク展」
東京銀座ギャラリーにて
2021年5月～開催。詳しくはHPにてご確認ください。

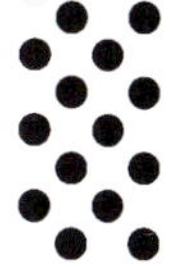

CASE

カテゴリー：地域情報のフリーペーパー
仕様：W252㎜ ×H364㎜　縦ペラ

ターゲット

20代〜30代男女

先方からの要望

▷新聞風のデザインにしたい
▷写真の配置の仕方で動きをつけたい

デザイン
コンセプト

▷背景に紙素材を使い、やわららかさを表現
▷色数を抑えクールな印象をもたせた

HOW TO DESIGN

InDesignを使ってデザインが完成するまでの
流れとつくり方をサンプルとともに詳しく解説していきます。

背景をつくる

［パスファインダー］を使って、新聞の断裁したようなギザギザをつくります。

2 文字を配置する

情報をブロックごとに整理してまとめます。段落の機能によって読みやすい処理を解説します。

写真を配置する

文字の回り込みを使って、写真を配置します。

5 文字をあしらう

文字をずらして印象を強めます。

コラムの枠をつくる

切り離したフレームのつくり方を解説します。

3 罫線でメリハリをつける

InDesignは、豊富な罫線が揃っています。用途に合わて使い分けましょう。

2021 Spring

LIFE STYLE News

topics 1

苺をふんだんに使った新しい春の味

昨年オープンしたカフェで、4月から1ヶ月間期間限定のオリジナルパフェが誕生しました。福岡県産の大粒で甘味の強い「あまおう」を使ったイチゴのパフェです。丸くて可愛い形のあまおうをふんだんに使っています。ナッツやベリーがたくさん入ったグラノーラ、その上にイチゴと北海道産の牛乳を使った自家製生クリームとチーズクリームがのっています。「あまおう」は福岡県ではそれまで「とよのか」が主力品種とされていましたが、より高品質なイチゴを目指し開発されました。あまおうの特徴の1つはサイズが大きいことです。見た目も丸みのある形をしています。味も甘味と酸味がほどよくあり、果肉はしっかりしていてジューシーです。「あまおう」という名前は、福岡県内での公募で命名されました。「赤い」「丸い」「大きい」「うまい」の頭文字を合わせたもので、「甘いイチゴの王様になれるように」との意味も込められているそうです。「博多あまおう」ともいわれています。

Sweets

新鮮な苺が特製のクリームと楽しめる苺のパフェ。750円

Column

ドライフラワーとアンティークの花の挿絵

東京銀座ギャラリーにてフランスのアンティークの花の挿絵とそれにちなんだ植物をドライフラワーにした展示会が開催されます。古い時代の挿絵と現代にも生息する草花との融合が見られ、ディプレイの参考におすすめです。

info 「ドライフラワーとアンティーク展」東京銀座ギャラリーにて 2021年5月一開催。詳しくはHPにてご確認ください。

topics 2

お家で多肉植物をオシャレにディスプレイ

最近よく雑貨屋さんや百円均一ショップでも見かける、見るとついつい触ってみたくなる多肉植物。小さくてもお部屋を彩るアイテムとして、また育てるのにあまり手間がかからないという点でも人気です。そんな多肉植物をお部屋の中に手軽に可愛くインテリアとして飾るためのコツを雑貨店の店長さんに聞いてみました。多肉植物は、肉厚な茎や葉に水を貯めることができます。その多くは、乾燥地に適応するため、水を蓄えるようになったものと考えられています。育て方も系統によってはさまざまではありますが、基本的にお水を他の植物のように毎日あげる必要はなく、土が乾いてきた頃にあげるなど、手間がかかりません。多肉植物はさまざまな系統があります。アロエ科、サボテン科、ベンケイソウ科、ハマミズナ科などのような多くの種が多肉化した科もあります。

Plans

つくり方は次のページへ

背景をつくる

英字新聞風のデザインをつくります。初めに、あじわいのある紙の質感を背景に敷きます。次に上下にギザギザの断裁風のデザインを施します。

オブジェクトを繰り返し複製する

1 (**長方形ツール**)でドキュメントサイズの長方形をつくります。裁ち落とし分を**左右各3㎜ずつ**足します。

2 コントロールパネルの基準点の中央をクリックします。天地のサイズを10㎜ずつ縮めます。

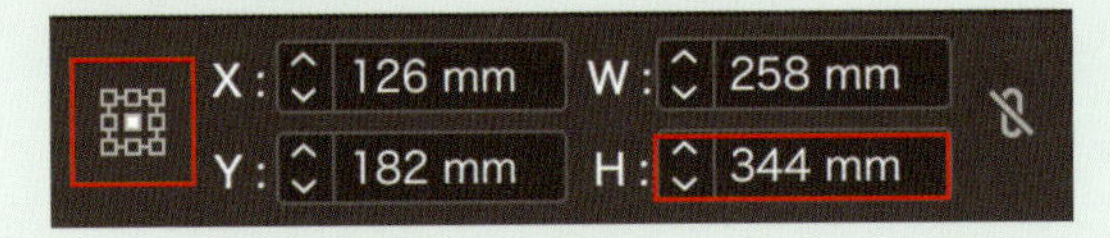

3 (**長方形ツール**)で5㎜角正方形をつくり、(**回転ツール**)で45度傾けてひし形のオブジェクトをつくります。

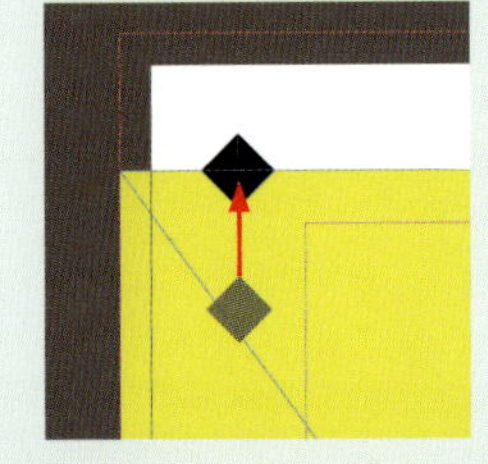

4 ひし形の中央と背景の長方形の上部の端に重ねます。

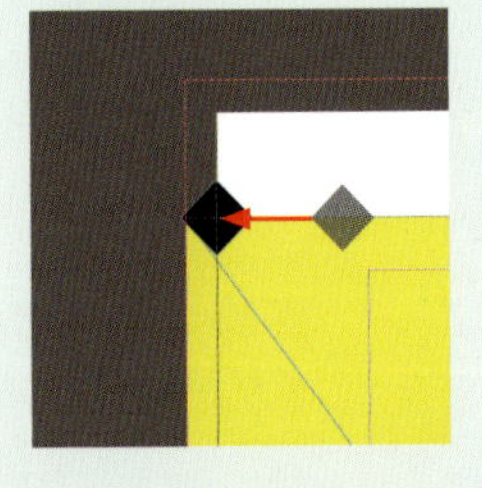

5 ひし形の中央と背景の長方形の左端の基準点を合わせます。

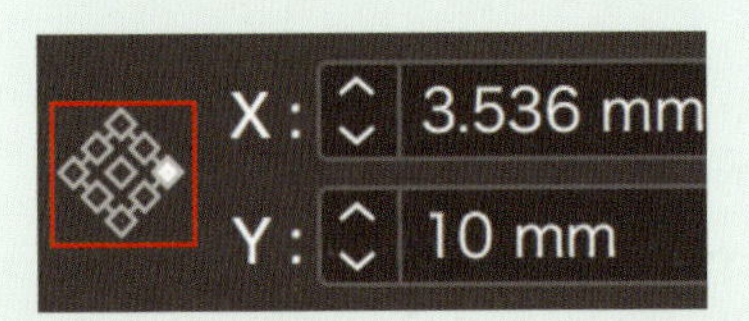

6 ひし形を増やしたい方向の基準点をクリックし、**[編集]メニュー**から**[繰り返し複製]→[オフセット]**を選択します。

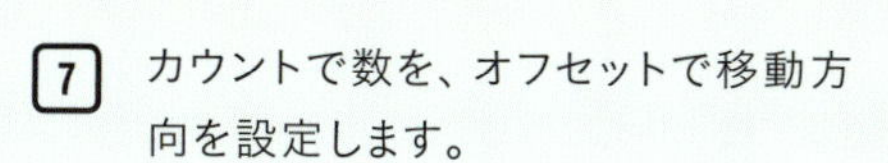

7 カウントで数を、オフセットで移動方向を設定します。

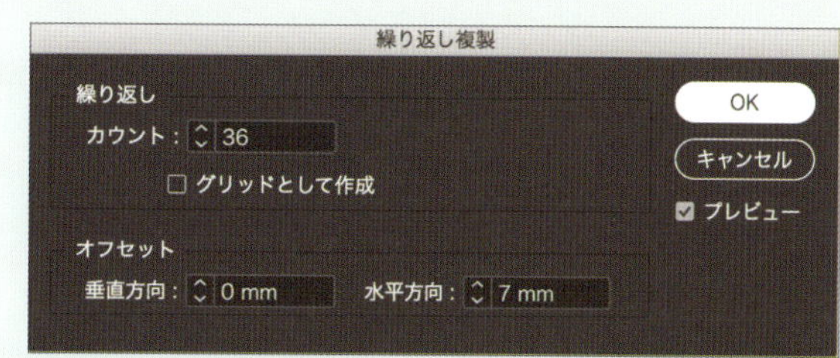

8 ひし形のオブジェクト全てを ▶**(選択ツール)** で選択し、「⌘(Ctrl)＋Gキー」でグループ化します。

9 続いて、「⌘(Ctrl)＋Cキー」でコピーし、**[編集]メニュー**から**[元の位置にペースト]**します。ペーストしたオブジェクトを、▶**(選択ツール)**でドラッグして、背景の長方形の下部に合わせます。

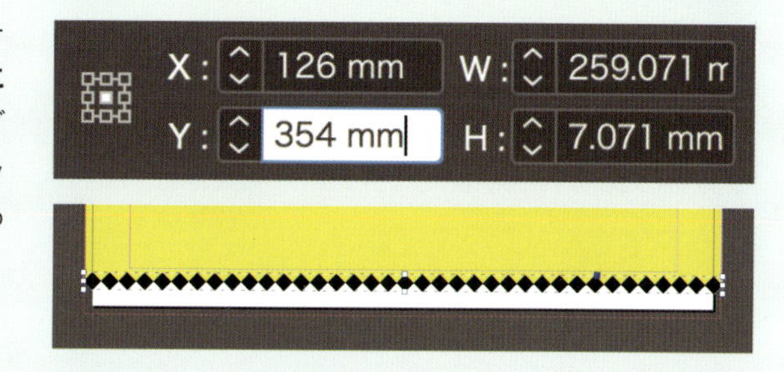

10 ▶**(選択ツール)**で上下に配置したひし形のオブジェクトを選択し、「⌘(Ctrl)＋shift＋Gキー」でグループを解除します。「⌘(Ctrl)＋Aキー」で全てのオブジェクトを選択します。**[パスファインダー]パネル**から**[追加]**をクリックし、1つのシェイプに結合します。

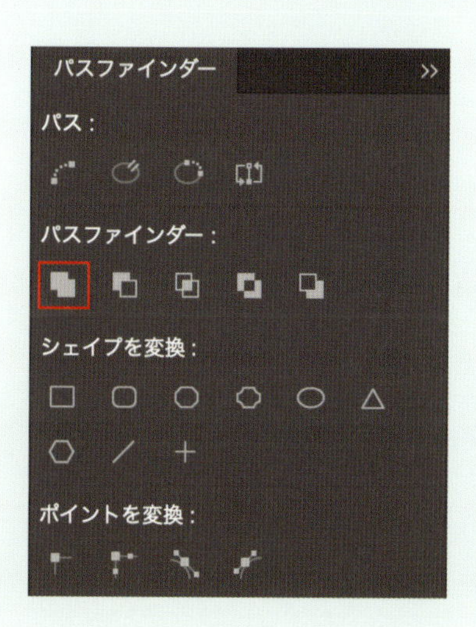

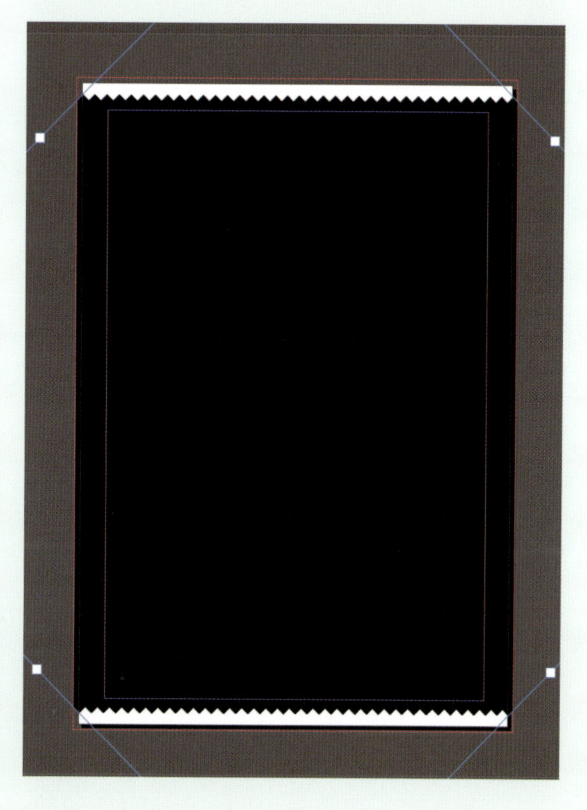

作成したオブジェクトを**[スウォッチ]**から配色します。オブジェクトの中に**[ファイル]メニュー**から**[配置]**で紙素材を挿入します。背景の色になじませるため、▷**(ダイレクト選択ツール)**に切り換え、中に配置された紙素材を✋**(手のひらツール)**で選択し、「control+クリック(右クリック)」→**[効果]**→**[透明]**から**[不透明度:70%]**に設定します。

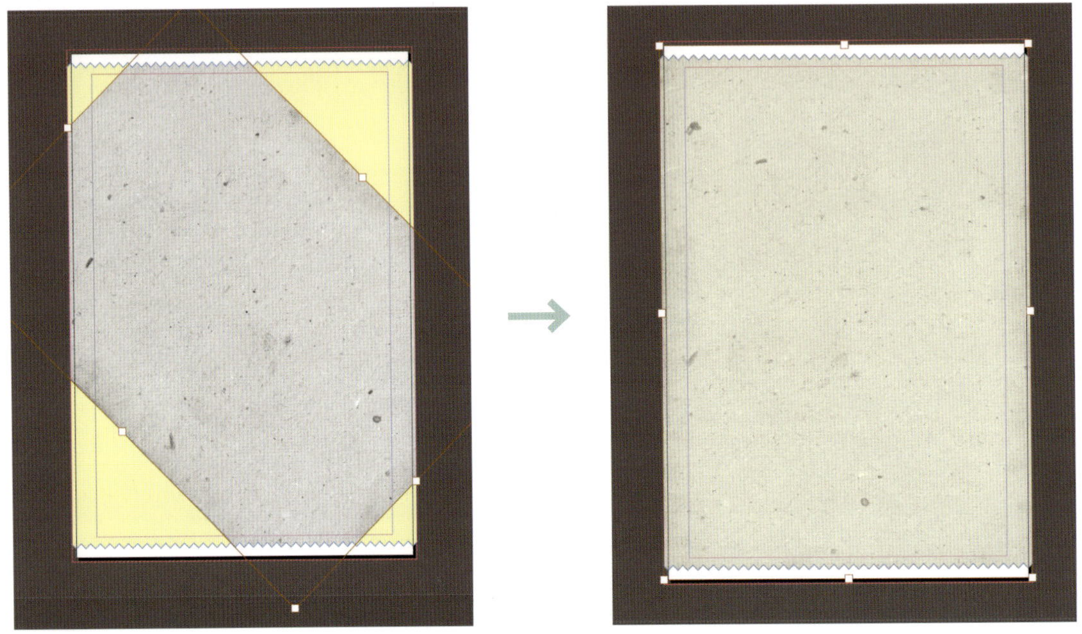

今回の作例では、紙素材が45度に傾いて配置されるので、▷**(ダイレクト選択ツール)**で傾いたテクスチャを選択し、↻**(回転ツール)**に切り替えて、「option(Alt)+クリック」で角度を[−45°]と入力します。

2

文字を配置する

ブロックで整理された新聞風のレイアウトにより、いくつかの記事をわかりやすく見せることができます。ここでは、タイトル、本文、コラム記事の要素で構成されています。横組みと縦組みを混在させて動きのあるデザインにします。主な本文は縦組みで配置し、タイトルとコラム記事は横組みにしてアクセントにしましょう。

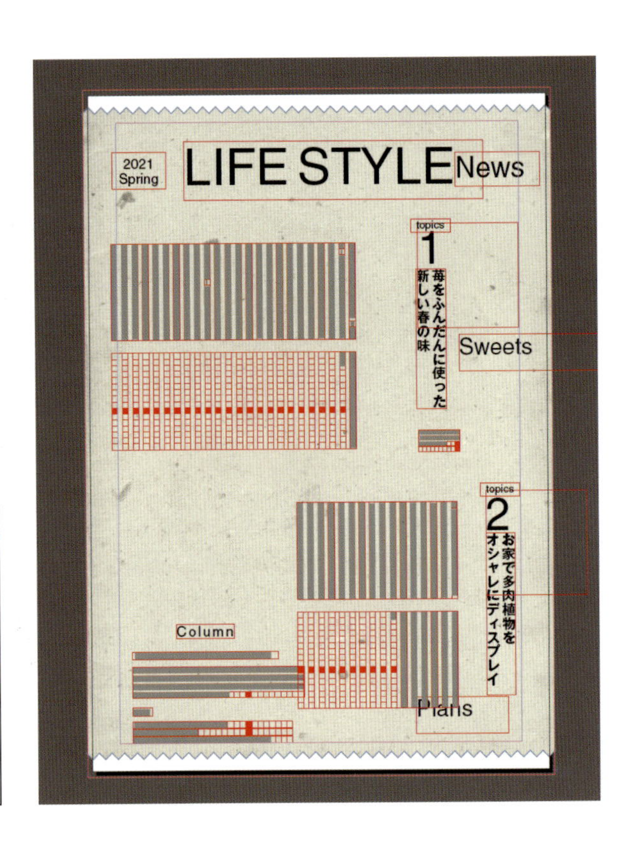

COLUMN

適切な文字サイズを選ぶ

本文はターゲットの年齢によって読みやすい文字サイズが異なります。青年向けであれば本文の大きさは11〜12Q前後が適しています。子どもや高齢者向けは13〜14Qとやや大きめにします。

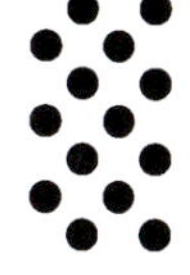

縦組み本文を挿入する

【 段組みをつくる 】

1 **[ツール]パネル**から▥**(縦組みグリッドツール)**で本文を挿入する文字ボックスをつくります。

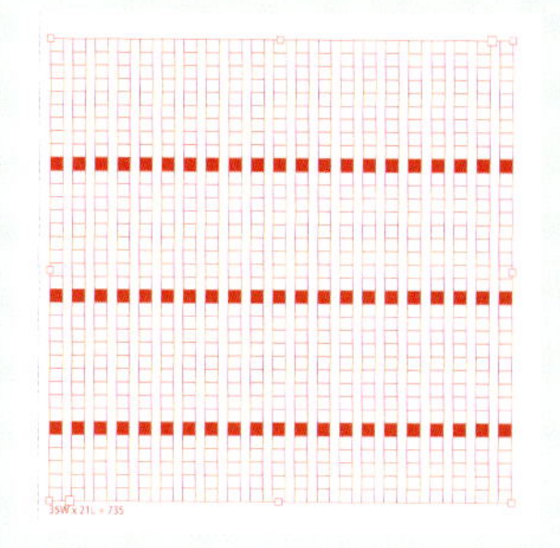

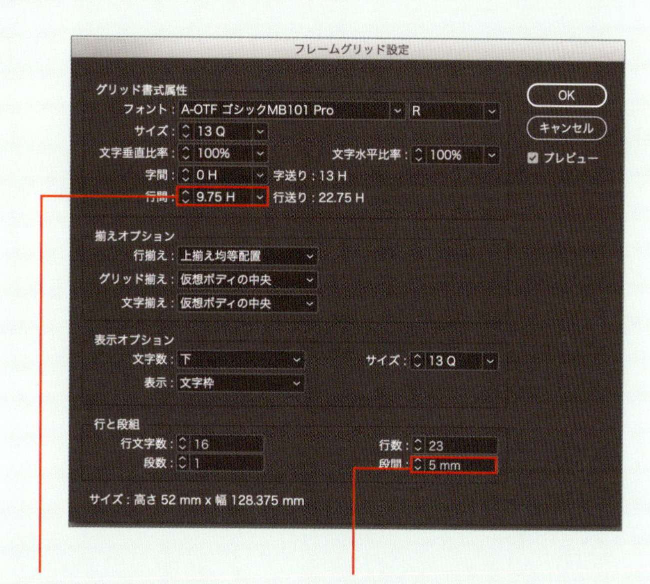

2 **[オブジェクト]メニュー**から**[フレームグリッド設定]**で書体や大きさ、行間、1段に入る行文字数などを設定します。

行と行の間隔である**[行間]**は、文字サイズの50〜75%を基準とするのが一般的です。

段と段の間のことである**[段間]**は、文字サイズの1.5〜2倍ほど空けるのが目安です。

縦組み中の欧文を回転する

1 ▶**(選択ツール)**で本文のテキストフレームを選択します。**[段落]パネル**の右上の≡**(オプション)メニュー**から**[縦組み中の欧文回転]**を選びます。テキストフレーム内の数字や欧文が全て縦方向に回転します。

縦組み本文内で2桁や3桁の数字がある場合は**[段落]パネル**の右上の≡**(オプション)メニュー→[自動縦中横設定]**を選択し、**[組文字：3桁まで]**に設定します。

2 1文字だけ回転したい場合は、回転したい文字をT**(横組み文字ツール)**で選択した状態で**[文字]パネル**の右上の≡**(オプション)メニュー**から**[縦中横]**にチェックを入れます。

通常、4桁以上は回転させません。2〜3桁の時は**[文字]パネル**の**[水平比率]**で長体をかけ、隣の行に干渉しないようにします。

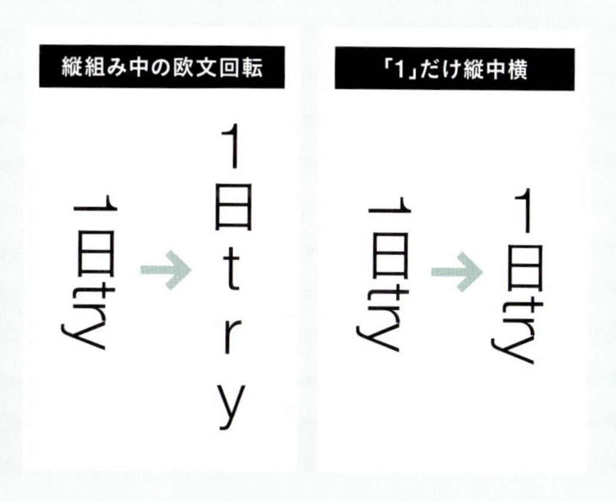

文頭にアクセントをつける

1 段落の文頭の文字を大きくして記事の始まりを印象づけます。**[段落]パネル**から**[行のドロップキャップ数]**に何行分の大きさのドロップキャップを適用するか入力します。

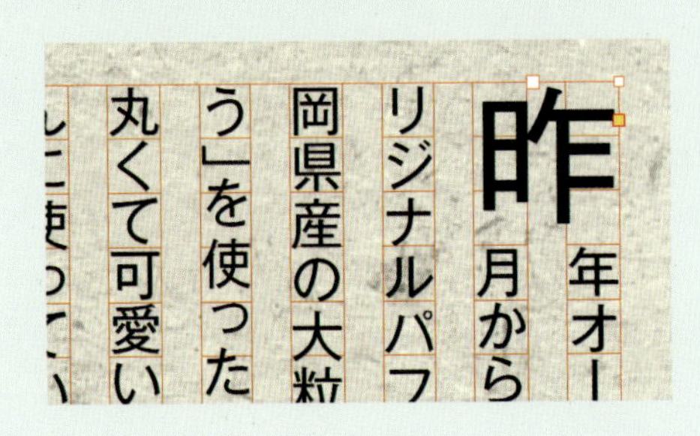

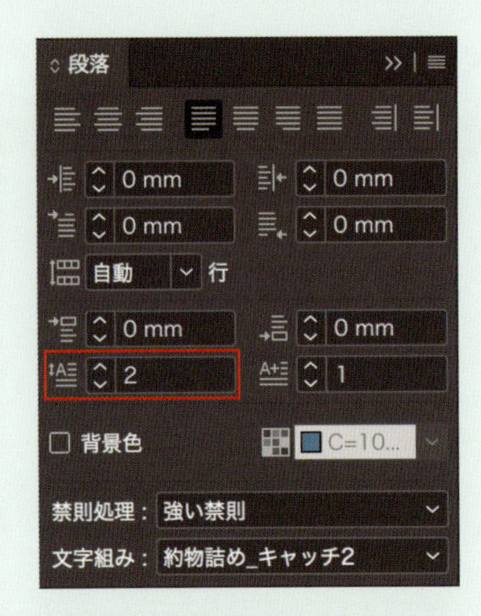

2 適用したい文字数を**[1またはそれ以上のドロップキャップス]**に入力します。ここでは1文字に設定しています。

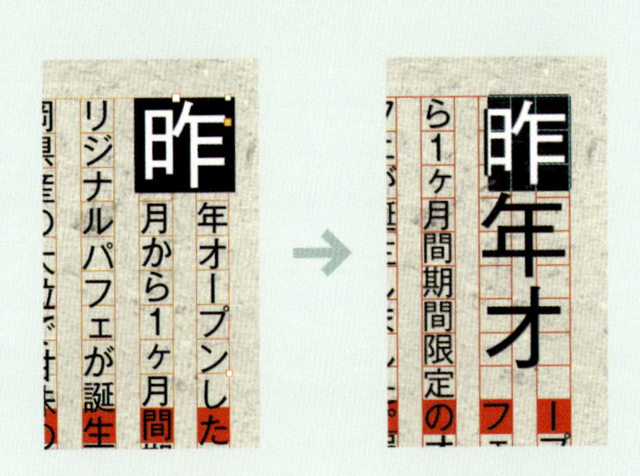

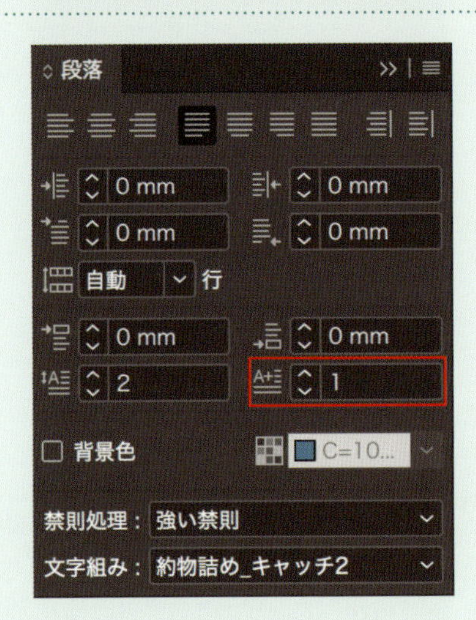

3 文頭の文字をIT**(縦組み文字ツール)**で選択し、**[文字]パネル**の右上の≡**(オプション)メニュー**から**[下線設定]**で**[下線]**にチェックを入れ、サイズや色を設定します。文字の背景に色地を入れて、文字色をスウォッチで配色します。

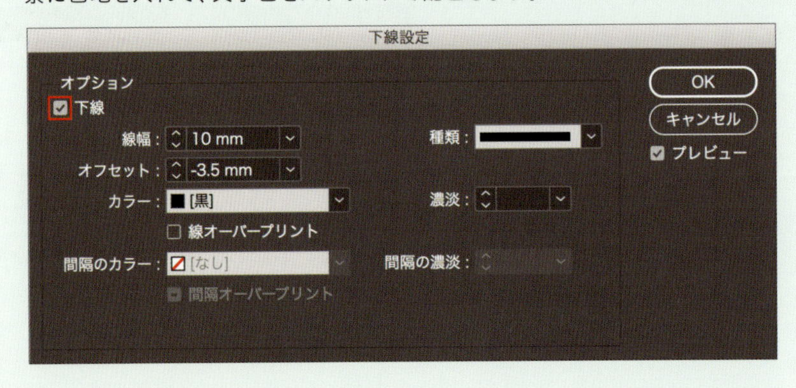

3

罫線でメリハリをつける

新聞の雰囲気に合う罫線で区切り、より情報がはっきりと分類され、安定感のあるデザインに仕上ります。

いろいろな罫線をつくる

1 ／(線ツール)を選択し、「shift キー」を押しながら、真横にドキュメント上の十字カーソルを引いていきます。

2 [線]パネルから線幅や種類を選びます。

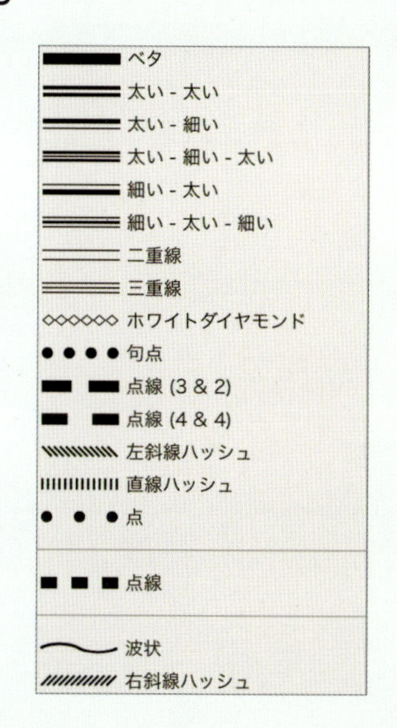

線幅0.5mm
線幅0.1mm
線幅0.05mm
線幅0.01mm

アミ10%
アミ5%
アミ3%
アミ1%

確実に印刷できる線幅の目安は、一般的に0.1mm（0.3pt)とされています。0.1mm以下だと、印刷時にかすれたり、消えることがあります。同じように塗りのアミ(濃淡)も5%以下は印刷時に白く消える(白飛びする)ことがあるため、設定しないようにします。

飾りのついた見出しをつくる

1. (長方形ツール)で長方形をつくり、(楕円形ツール)で正円をつくります。長方形の上部の端の中央と正円の中央の点を重ねます。

2. [整列]パネルの[オブジェクトの整列]→[下端揃え]を選び、[パスファインダー]パネルで[パスファインダー]→[追加]をして1つのシェイプに結合します。

3. 背面のオブジェクトの中に[ファイル]メニューから[配置]で紙素材を挿入し、背景の塗り色を[スウォッチ]で[紙色]に変更します。[効果]パネルで紙素材の不透明度を調整します。

4. 1〜2の手順でひと回り小さいオブジェクトを作成します。[カラー]パネルから[塗り:なし][線:0.3mm]に設定します。

5. 2つのオブジェクトを(選択ツール)で選択し、[整列]パネルから[オブジェクトの整列]→[下端揃え]で重ねて揃えます。

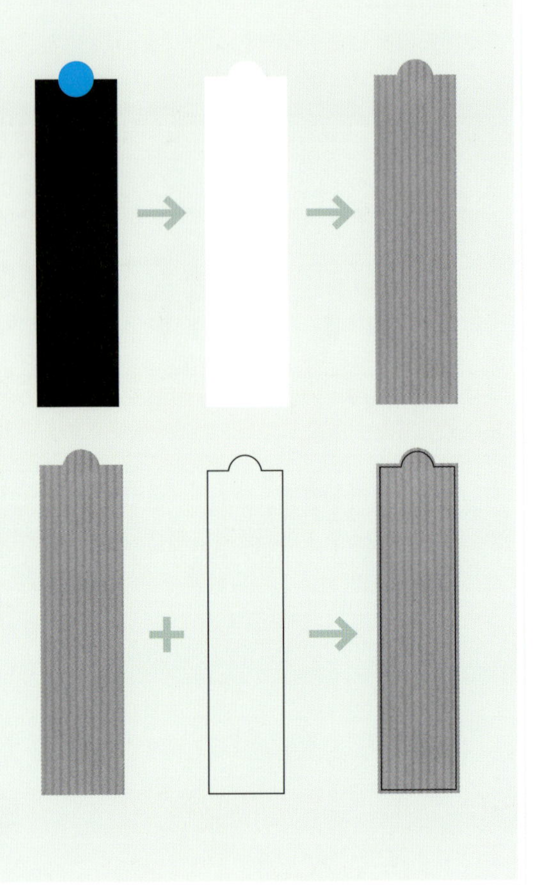

4

写真を配置する

本文記事のまわりに記事に関連する写真を配置します。ブロックで整列することで堅い印象になるため、写真を切り抜きや丸抜きで変化をつけます。文字に回り込みを設定することで本文内に画像を入れ込むこともできます。

写真を(選択ツール)で選択し、[オブジェクト]メニューから[シェイプを変換]→[楕円]を選択します。

[コントロールパネル]で幅と高さに同じ数値を入力し、正円にします。

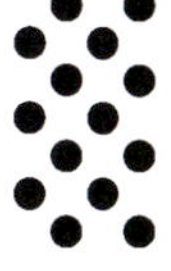

テキストの回り込みを設定する

1 **[テキストの回り込み]パネル**から**[境界線ボックスで回り込む]**をクリックし、上下左右のオフセットを入力します。続いて**[回り込みオプション]→[左右両サイド]**を選択します。

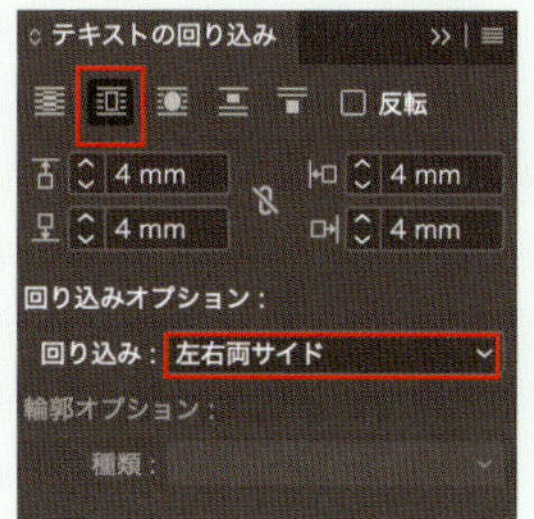

2 円形の写真を回り込ませるには、**[オブジェクトのシェイプで回り込む]**をクリックします。

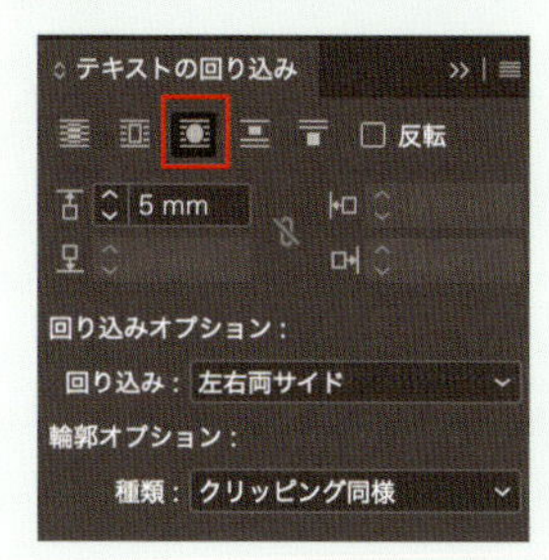

写真にフレームを付け華やかにします。(**選択ツール**)で写真を選択した状態で、**[線]パネル**から線幅、種類を設定し、(**回転ツール**)で角度をつけます。ほかの本文内の写真も同様に反映し、バランスを調整して動きを出しましょう。

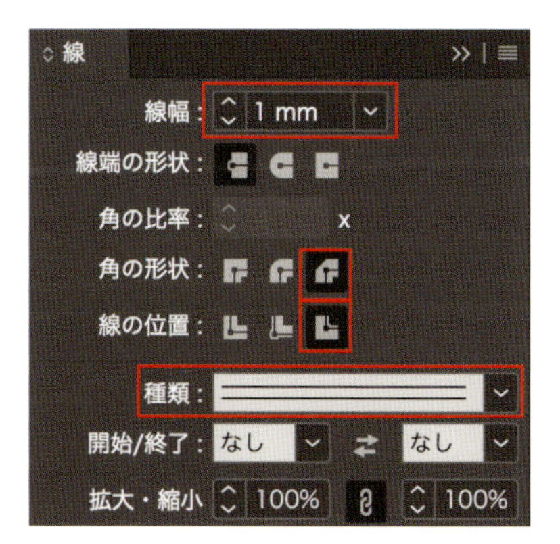

COLUMN

画像回転のバランス

アクティブなイメージをつけるために画像を回転することは効果的ですが、全部の画像を回転するのはNGです。各項目内で1枚だけ傾ける程度にするとバランスが取りやすくなり、回転する際は、左右どちら側に回転するかも重要になります。複数の写真を同じ方向にすると整頓された雰囲気に、互い違いにすると躍動的になります。

5

文字をあしらう

書体もかっちりしたゴシック体とラフな手書きを組み合わせカジュアルなイメージにします。

タイトルにアイコンなどのあしらいを加えることで、メリハリのあるデザインに仕上ります。

立体的な文字をつくる

1 文字を**[オブジェクト]メニュー**から**[移動]**で、右斜め下に移動するよう水平・垂直方向を入力し、**[コピー]**をクリックすると、文字が複製されます。

2 文字の**[スウォッチ]**の塗りを**[なし]**にし、**[線]パネル**から**[太さ：0.2㎜]**に設定します。

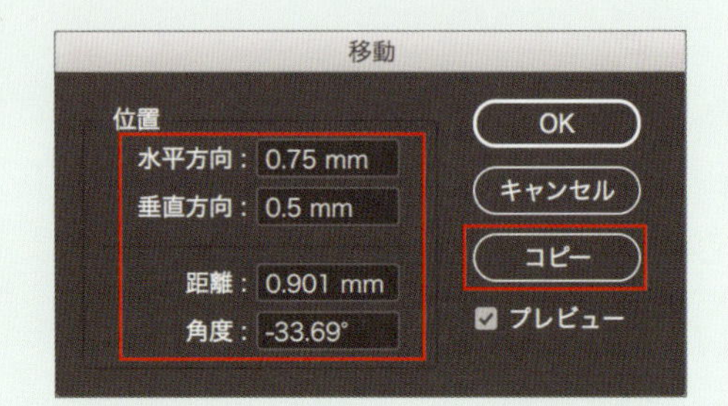

COLUMN

リッチブラックを使う

K100%の黒の塗りは、印刷時に重なった他のインキが透けることがあります。K100%にCMYの色を足すと、透けを防ぐことができます。K以外が混ざった黒を**「リッチブラック」**と呼びます。「インキの乾きが悪くなる」、「誌面で裏写りする」などのトラブルを防ぐため、4色の合計は最大で250%程度を目安に混色します。細かい文字にリッチブラックを使うと、版ズレが起きた際に読みづらくなるため、主に太めの書体の見出しにするなど工夫しましょう。

K100%のみ

CMY 各20% + K100%

6 コラムの枠をつくる

縦組みの記事と違う囲み記事として独立したあしらいにします。背景に色地を入れたり枠にずらした縁を入れ堅さをなくします。

フレームを切り離す

1 コラムに囲みのあしらいをします。長方形を（長方形ツール）でつくり、**[線]**パネルで**[0.5mm]**の設定をつけます。**[オブジェクト]メニュー**から**[角オプション]→[5mm][斜角]**を選択します。

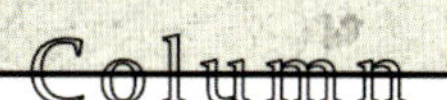

2 **（はさみツール）**を選択して、切り離したい部分の始点と終点をクリックして、フレームを切断します。

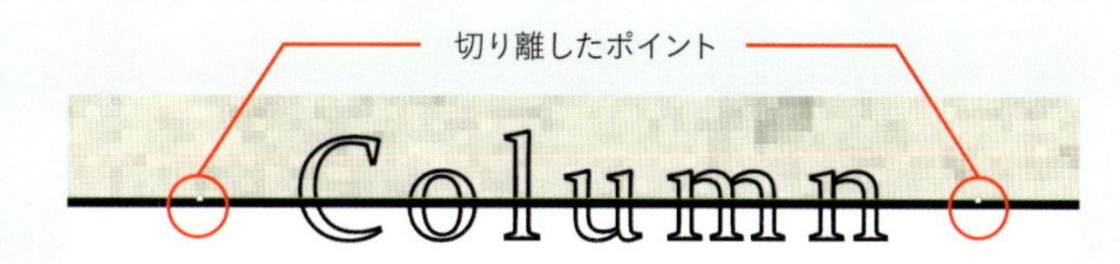

3 切断した線が選択された状態になるので「delete キー」で削除します。

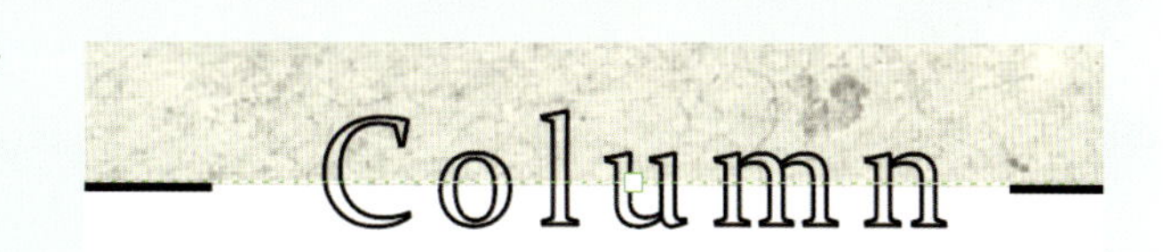

最後にコラムのフレームや、あしらいなどを加えて、調整したら完成です。

CASE 10

イラストレーターのポートフォリオの小冊子

自身の作品や写真など、個人で制作した同人誌は、
手軽に自分を表現できる魅力があります。
「面付け」という作業を交えながら、1冊を製本してみましょう。

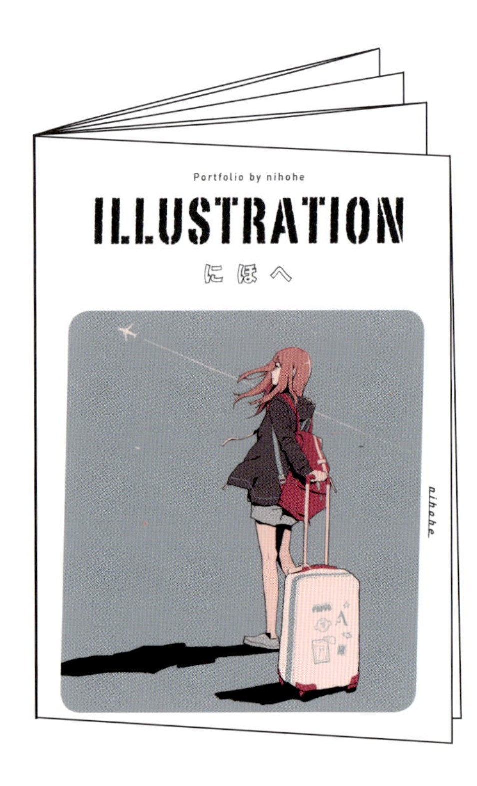

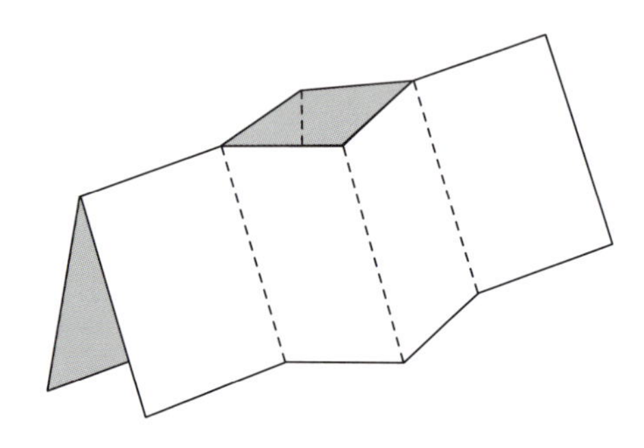

面付け

CASE

カテゴリー：同人誌
仕様：仕上がり　A6判（W105㎜ ×H148㎜）　綴じ：左開き
台紙　A3判（W420㎜ ×H297㎜）

ターゲット

出版社やデザイン会社など仕事の依頼がありそうなクライアント

先方からの要望

▷コスト削減のため、1枚の紙から折り込み小冊子をつくりたい
▷イラストを大きく見せたい

デザインコンセプト

▷イラストを見せたいので、極力シンプルなデザインに
▷1冊のストーリーができるように、配置の仕方にメリハリをつけた

HOW TO DESIGN

InDesignを使ってデザインが完成するまでの
流れとつくり方をサンプルとともに詳しく解説していきます。

1

仕上がりをイメージしてレイアウトする

製本された仕上がりをイメージして、レイアウトします。裁ち落としに配置するなど1冊を通した流れを考慮します。

2

タイトルを調整する

デザインの主張を抑えて、作品を引き立てます。ここでは効果や文字の機能を使って、印象的にデザインします。

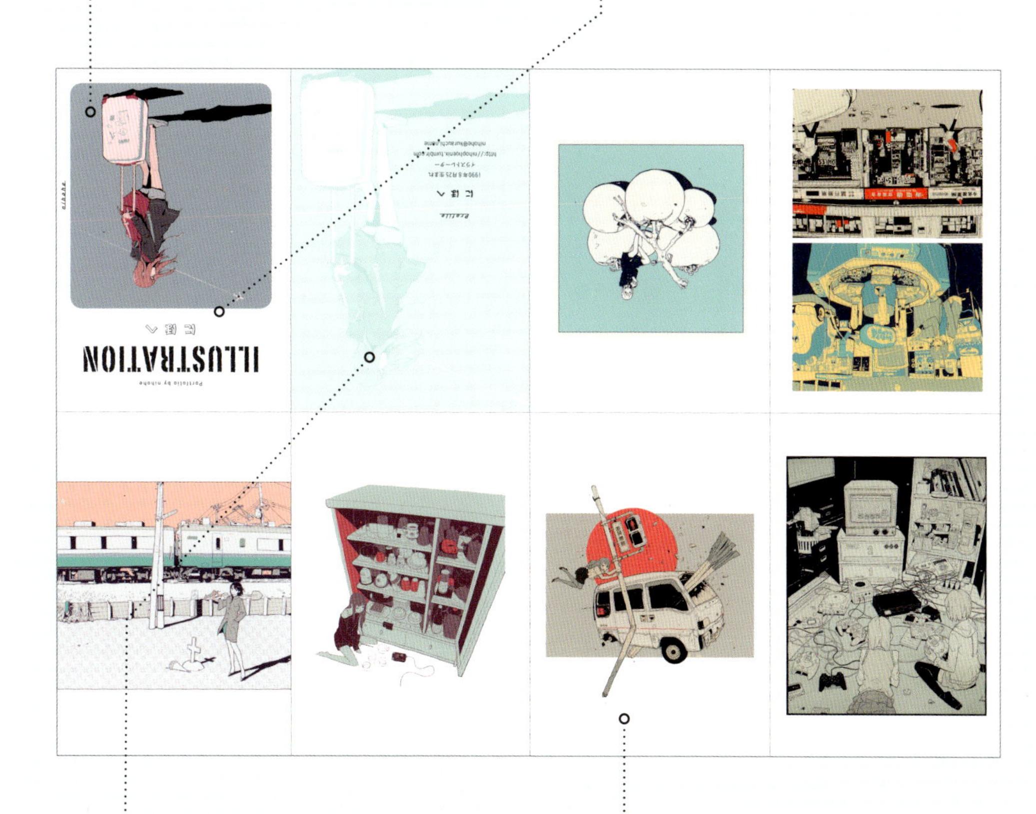

3

モノクロイラストに色をつける

背景素材としてイラストを1色で配置します。

4

面付けする

印刷用にレイアウトしたデータを面付けします。

つくり方は次のページへ

1

仕上がりをイメージしてレイアウトする

コスト削減を考え、A3サイズの1枚の紙を折り込んで1冊の小冊子をつくります。まず、冊子の仕上がりをイメージして見開きごとにレイアウトします。新規ドキュメントを**[ファイル]メニュー**から**[新規]**→**[ドキュメント]**を選択し、**[新規ドキュメント]**ウィンドウを開きA6サイズを設定し、レイアウトします。

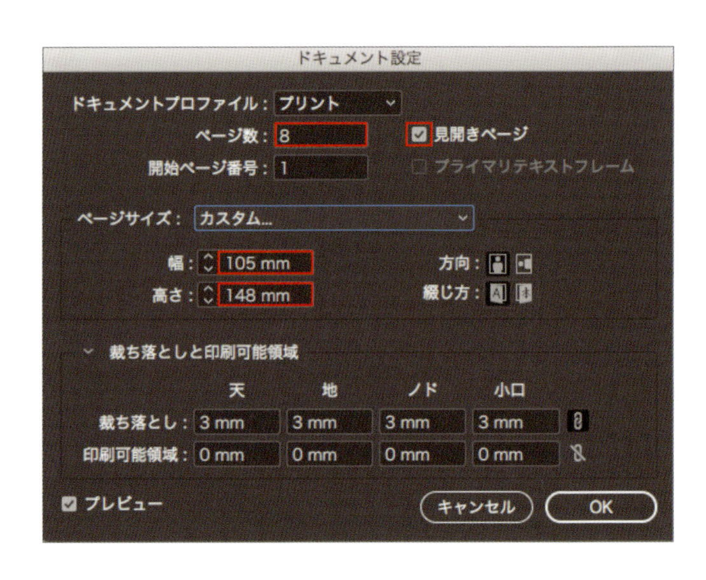

[ページ]パネルの図。表紙→中ページ→裏表紙の流れでレイアウトします。

【 製本イメージ 】

A3サイズ1枚の紙を折り込んで製本します。

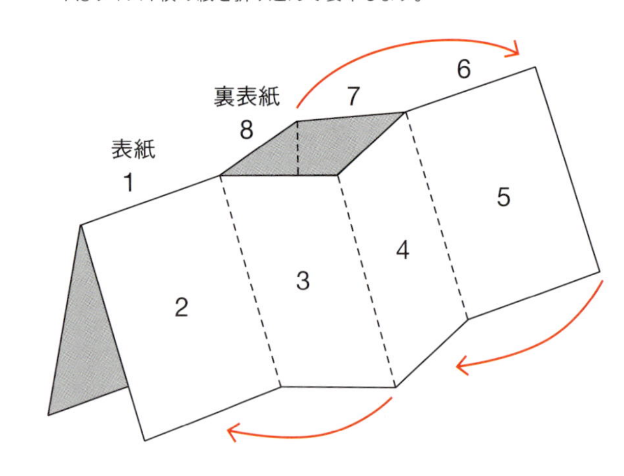

後ほどA3サイズのドキュメントに配置するため、A6サイズのドキュメントで配置するイラストの塗り足しは付けません。

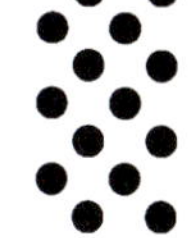

2

タイトルを調整する

表紙は「どのような冊子なのか」を読む人に伝えると同時に冊子の顔として大事な役割を担います。タイトルや名前など必要な要素を配置します。冊子の内容や雰囲気に合わせたデザインしてイメージを伝えます。

Portfolio by nihohe

ILLUSTRATION

にほへ

立体的な文字をつくる

▶(選択ツール)でテキストボックスを選択し、**[オブジェクト]メニュー**から**[効果]→[ドロップシャドウ]**を選択します。影色、距離とサイズを調整したら、**[不透明度：100%][スプレッド：100%]**に設定します。

効果

設定の対象：オブジェクト　ドロップシャドウ

透明
☑ドロップシャドウ
☐シャドウ（内側）
☐光彩（外側）
☐光彩（内側）
☐ベベルとエンボス
☐サテン
☐基本のぼかし
☐方向性のぼかし
☐グラデーションぼかし

オブジェクト：標準 100%; ドロップシャドウ
線：標準 100%;（効果なし）
塗り：標準 100%;（効果なし）
テキスト：標準 100%;（効果なし）

☑プレビュー

描画モード
モード：乗算　不透明度：100%

位置
距離：0.2 mm　Xオフセット：0.141 mm
角度：135°　Yオフセット：0.141 mm
☐包括光源を使用

オプション
サイズ：0.2 mm　☑シャドウをノックアウト
スプレッド：100%　☐その他の効果に従う
ノイズ：0%

キャンセル　OK

文字に斜体をつける

▶(選択ツール)でテキストボックスを選択し、[文字]パネルの**[歪み]**から、傾けたい数値を入力します。

nihohe

[歪み：+20°]

nihohe

[歪み：−20°]

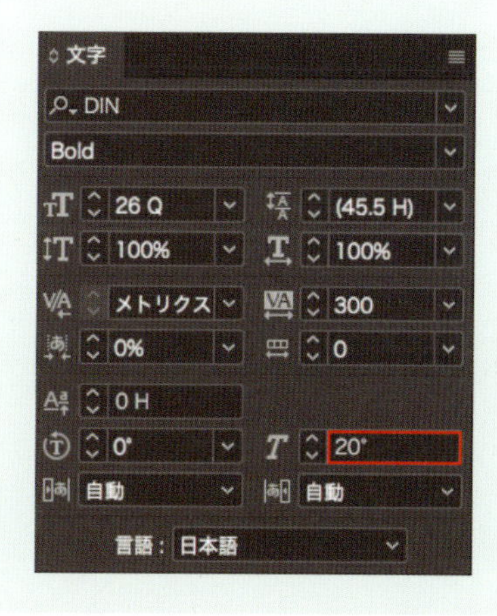

3

モノクロイラストに色をつける

イラストをあらかじめ、グレースケールモードでレイヤーを統合したPSDデータを用意し、ページに配置します。イラストレーターのプロフィールを掲載するため、1色の背景にし文字を読ませます。

(ダイレクト選択ツール)でイラスト素材を選択し、スウォッチで配色します。

4

面付けする

先ほどA6サイズでレイアウトしましたが、このままではA3サイズの紙1枚で印刷はできません。A3サイズのドキュメントに面付けします。

COLUMN

面付けとは？

製本工程において、折丁ごとに各ページがページ順に正しく並ぶように、各ページを 1 シートに規則的に配列することを言います。

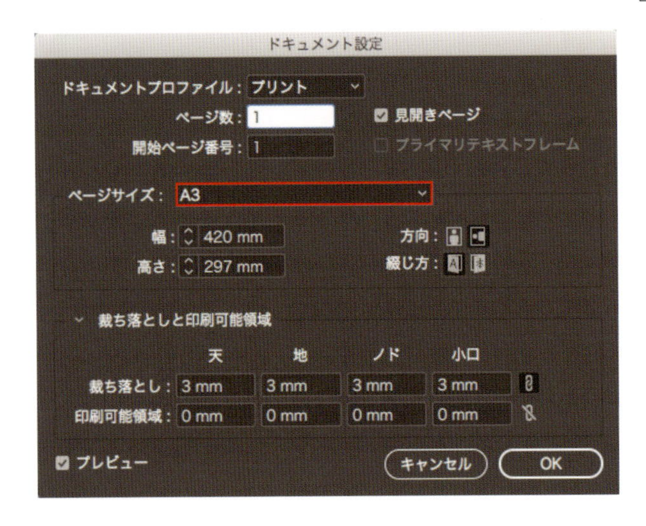

【 面付けイメージ 】

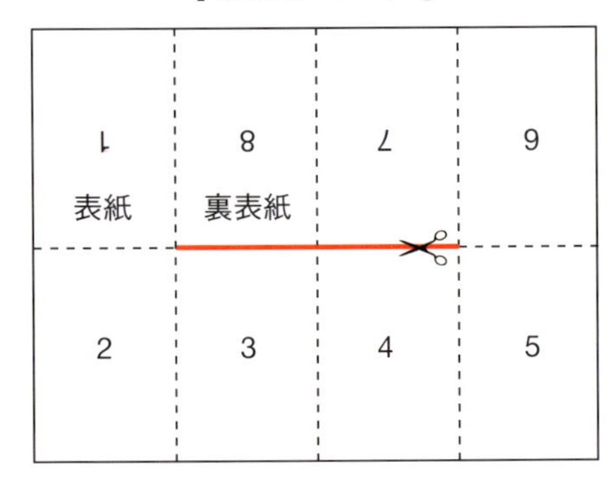

A3の紙に配置した時のページ順です。

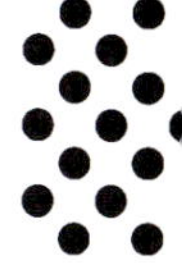

ブックレットをプリントする

[ブックレットをプリントする]を使って、綴じに合わせてページごとに印刷する方法があります。

1 **[ファイル]メニュー**から**[ブックレットをプリントする]**を選択します。**[ブックレットの形式]**で綴じ方を選択します。

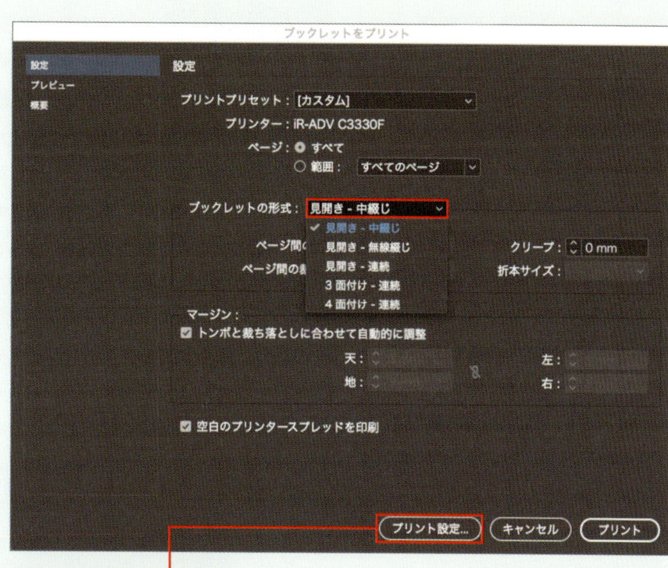

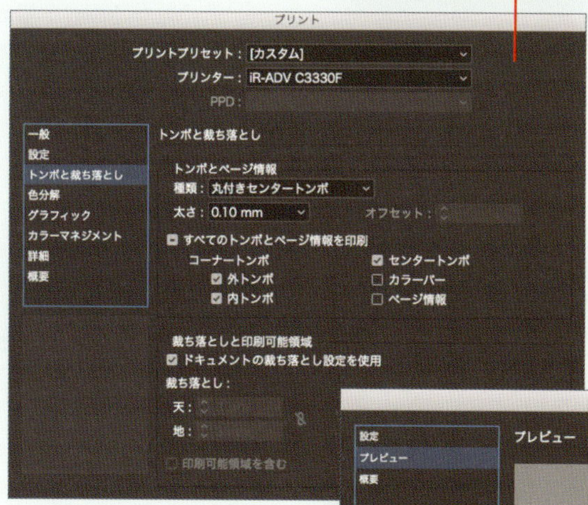

2 ウィンドウの右下にある**[プリント設定]**をクリックし、**[設定]**から用紙サイズを選択します。印刷時にトンボを入れたい場合は、**[トンボと裁ち落とし]**から設定し「OK」をクリックします。

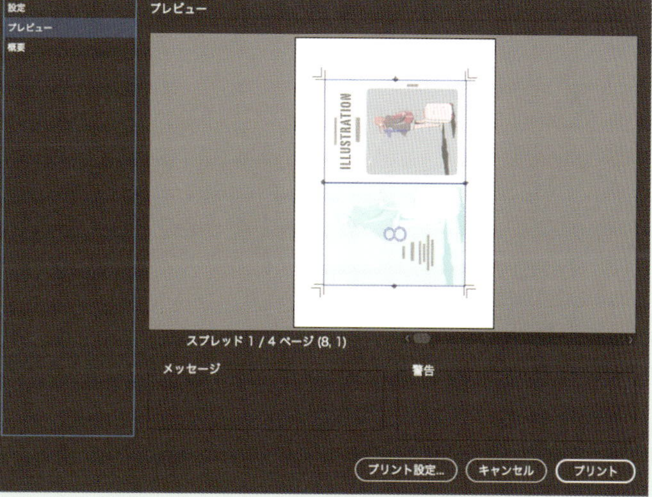

3 **[プレビュー]**で、印刷の仕上がりを見ることができます。

まずドキュメントの高さの中央の位置に、ガイド線を引きます(P.112参照)。横幅もA6サイズ(W105㎜ ×H148㎜)に合わせ、4等分しガイドを引きます。P.144の面付けイメージ図の順で先ほどA5でレイアウトしたページを1つずつ選択して、囲み内に配置します。

POINT

3㎜の塗り足し部分も調整します

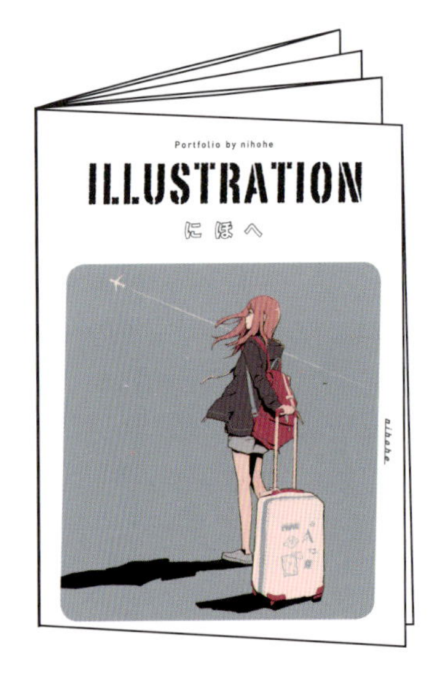

印刷して製本したら完成です！

▷ ▷ ▷

PART 3

入稿する前に

デザインワークの最後である入稿作業は特に注意が必要です。
入稿データの制作方法と注意点を解説します。

FINISHED WORKS

入稿データを作成する

デザインが完成したら、データを印刷所へ「入稿」します。デザインがどんなに素晴らしくても、印刷された完成物に不備があったのでは台無しです。印刷トラブルを防ぐためにも、入稿データは完璧なものでなければいけません。InDesignでは、入稿のための機能がたくさん備わっています。ここでは印刷物のデータを例に、入稿前のチェックからパッケージデータ作成まで、ひと通りの流れを解説します。

CHECK LIST

入稿前にチェック!

参照ページ

☑ 塗り足し

断裁したときに、若干のズレが生じても白地が出ないように、塗り足しが必要となります。

P.019

☑ 不要なオブジェクトや孤立点

モニター上では見えていなくても、不要なパスやテキストが残っていることがあります。アートボード外にあるものも含め、不要なオブジェクトや孤立点は、トラブルの原因になるため削除しておきます。

☑ 配置画像の解像度

配置した画像が粗くぼやけて印刷されないために、適切な解像度に設定しているか、再度確認します。

P.017

☑ 配置データのリンク

配置した画像データも一緒に添付しないと、画像が表示できずトラブルの原因になります。データが全て揃っているか確認します。

P.041

☑ 対応フォントで作成されているか

印刷所が所持しているフォントで制作されているか確認します。無いものはアウトライン化します。

P.151

☑ オーバープリント

仕上がりのイメージに近づけるために、オブジェクトの設定を確認します。

P.149

☑ インキの量

掛け合わせたインキの量が多いと、裏写りするなどのトラブルが起きやすくなります。

P.149

画像解像度

印刷物に配置する画像の解像度は300〜350dpiが一般的です。画像は100%を超えて配置されると、粗くなりきれいに印刷されません。また、画像を拡大する際は、縦横比が変わって拡大されていないか注意が必要です。入稿前にまとめてチェックする機能があります。**[リンク]パネル**の**[ステータス]**欄に拡大率や選択したリンクの情報が表示されるので、事前に確認しましょう。

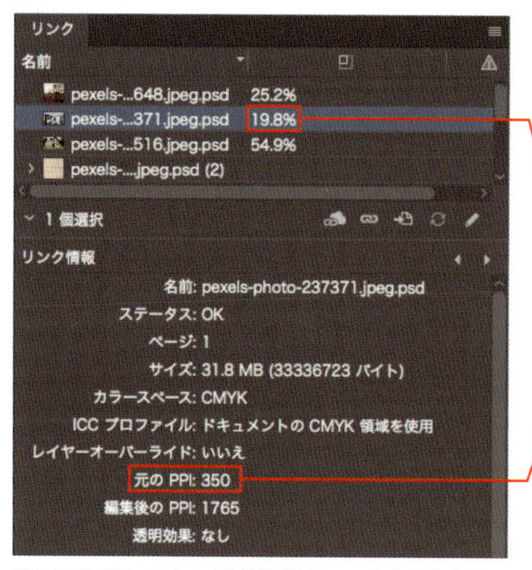

[元のPPI]とはdpi、画像解像度のことを示します。

26.4% x 15.5%

縦横比が異なると、2つの数字(横×縦)で表示されます。

元の PPI: 72

元のPPIは電子書籍でも150程度は必要です。72では粗く印刷されてしまいます。

インキの総量

CMYK合計のインキ量が280〜300%を超えると、インキが乾きづらくなり、裏写りするなどのトラブルが起きやすくなります。**[分版]パネル**で総インキ量(TAC値)をチェックします。

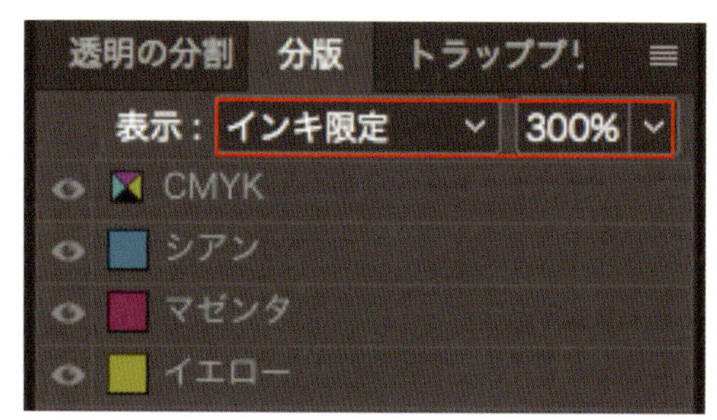

[分版]パネルで**[インキ限定]**を選ぶことで、指定したインキ量を上回る部分がハイライト表示されます。

カラーモード

印刷物のデータのカラーモードは、CMYKに設定します。電子書籍やウェブのデザインであればRGBのカラーモードにしましょう。ドキュメントのカラーモードを確認・変更する場合は、**[ファイル]メニュー**から**[ドキュメント設定]**を選択します。**[プリント]**であれば「CMYK」、**[Web][モバイル]**であれば「RGB」のデータになっています。

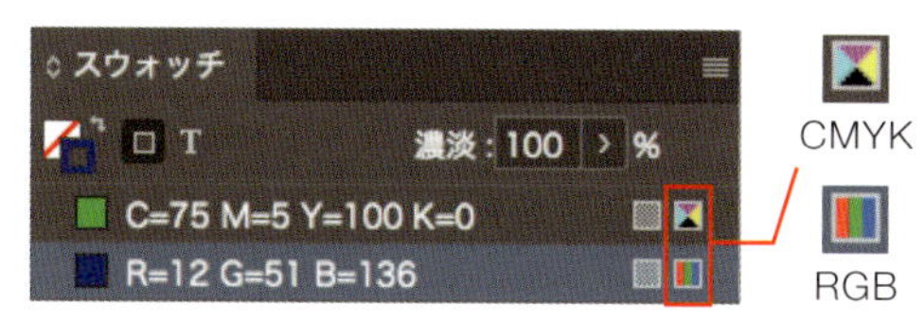

オーバープリント

異なる色を持った要素が重なり合った場合に、下の要素を透けさせるにはオーバープリント効果をかけます。オーバープリントを設定しておくことで、若干の版ズレが起きても白い部分が出るのを防ぎます。**[ウィンドウ]メニュー**から**[プリント属性]**で設定することができます。オーバープリントがかけられているかは**[表示]メニュー**から**[オーバープリントプレビュー]**で確認できます。白いオブジェクトにオーバープリントが設定されてしまうと、消えて印刷されてしまうので注意が必要です。InDesignでは、あらかじめ白いオブジェクトにオーバープリントをつけることはできない設定になっています。また、シアンとマゼンタが重なっているオブジェクトのように、オーバープリントの設定がされていると、混ざり合って色味が変わってしまうこともあるので注意しましょう。

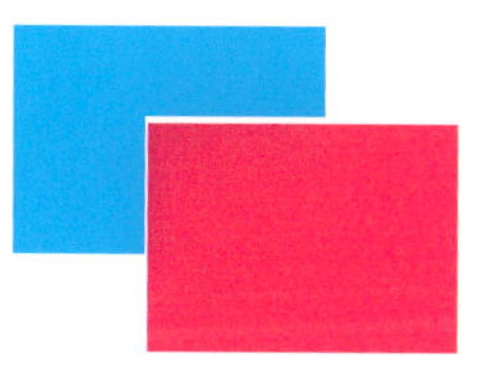

オーバープリントOFF

通常は色が混ざらないよう、図形が重なる部分は白抜き処理されます。そのため、版ズレを起こすと白い線が出ます。

オーバープリントON

オーバープリントで色を混ぜることで白い線が出なくなりますが、重なる部分の色味が変わります。

データの不備を確認する

プリフライト機能を使って、データの問題点を確認します。入稿前にすることで印刷トラブルを防ぎます。

プリフライトパネルで確認する

入稿する前に、**[プリフライト]パネル**で、ファイルの品質チェックを行います。印刷の際に、出力を妨げるエラーを見つけてくれます。ドキュメントのフォント、リンク画像、テキストのあふれ(オーバーセット)の不備を確認します。**[ウィンドウ]メニュー**から**[出力]**→**[プリフライト]**を選択します。**[プリフライト]パネル**が表示されます。

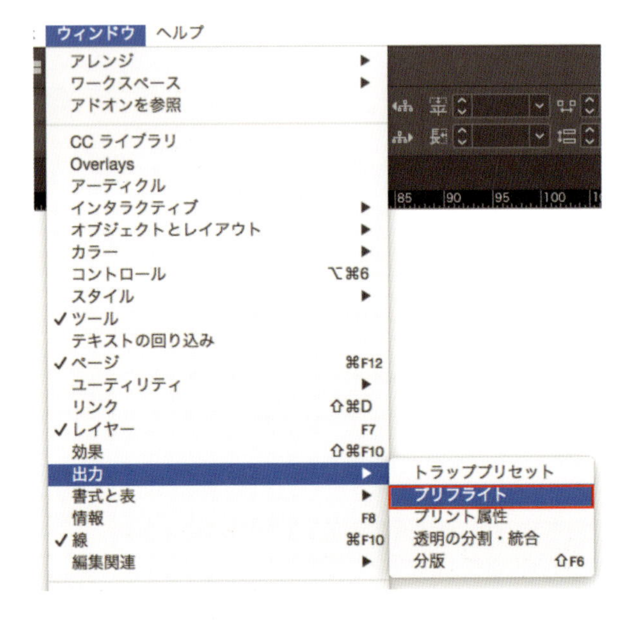

ドキュメントの左下にも、エラーの表示が付いています。このエラー表示をダブルクリックしても、**[プリフライト]パネル**を表示することができます。

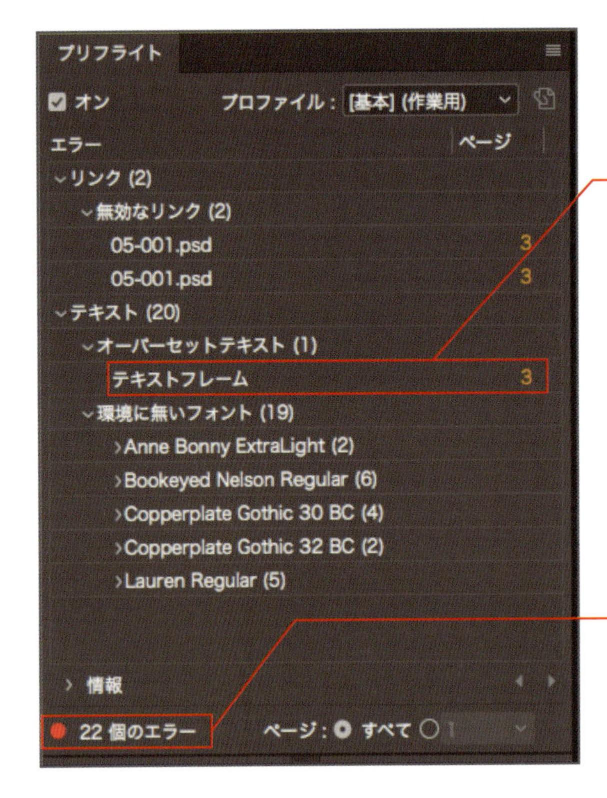

山路を登りながら、こう考えた。とかくに人の世は住みにくい。どこへ越しても住みにくいと悟った時、詩が生れて、画が出来る。意地を通せば窮屈だ。住みにくさが高じると、安い所へ引き越したくなる。とかくに人の世は住みにくい。山路を登りながら、こう考えた。とかくに人の世は住みにくい。意地を通せば窮屈だ。意地を通せば窮屈だ。智に働けば角が立つ。とかくに人の世は住み

[プリフライト]パネルでエラー箇所があると、エラー内容と該当箇所のページ番号が表示されます。項目名をダブルクリックで、ページにジャンプします。ここでは、テキストのあふれがあるため、テキストフレームの大きさや文字数を調節して、解決します。

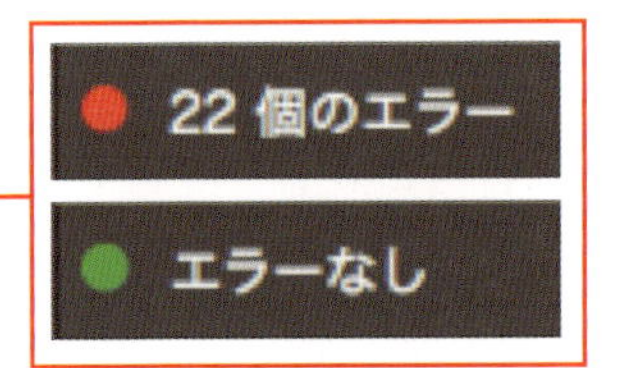

エラーがない場合は、左下の●が緑色になります。

見つからないフォントを解決する

プリフライトで、使用できないフォントが含まれているエラーが出たときの対処法です。

1. **[書式]メニュー**から**[フォント検索]**を選択します。⚠が表示されている書体が作業環境のコンピューターにインストールされていないフォントです。

2. ⚠のついたフォントを選択します。Ⓐで代替書体を選択します。

3. Ⓑの**[すべてを置換]**をクリックすると、フォントが置きかわり、⚠マークが消えます。⚠がなくなるまで置換をします。

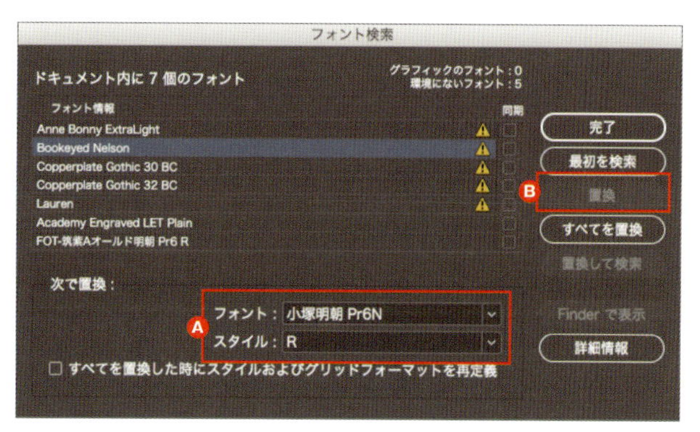

Ⓐのプルダウンには、インストールされて使用可能なフォントのみ表示されています。

ファイル形式	対応OS	特徴
O OpenType	Mac/Win（互換性あり）	MacとWinの互換性を実現し、高機能な文字詰め、豊富な異字体を搭載した、新しいフォントの規格。独自の機能を使えるアプリケーションは限られる
TT TrueType	Mac/Win（一部互換性あり）	かつて、和文のTrue Type Font（TTF）は解像度が600dpiに制限されていた。そのため、印刷には不向きだったが、近年使われている大手書体メーカーのTTFでは、使用上問題ないことが多い。WinのTTFはMacOSX以降であれば使用できるが、WinでMac用のTTFを使うことはできない
a Postscript	Mac	Macで長年サポートされているフォント形式。Type1形式やCID形式などに分類できる。電子書籍では使用できない。ファイルが破損しやすいため、注意が必要

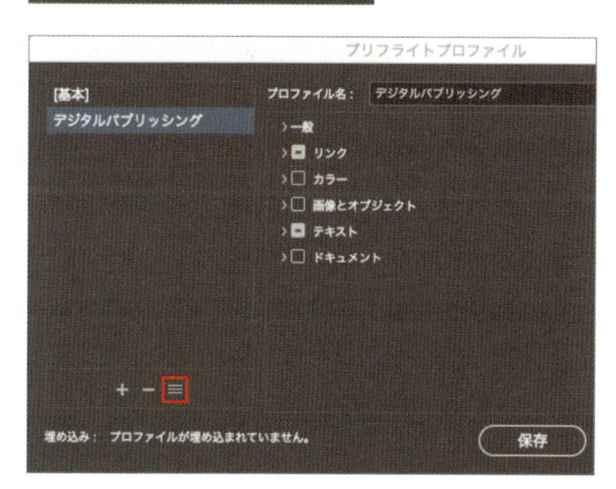

＋の右側にある≡アイコンからプリセットの書き出しや読み込みができます。

プリフライトプロファイルを定義する

プリフライトで探したい項目を、カスタマイズすることができます。

1. **[プリフライト]パネル**の右上の≡**(オプション)メニュー**から**[プロファイルを定義]**を選択します。

2. 左側の＋をクリックし、新しいプロファイルを作成します。プロファイル名を入力します。

3. 追加したい項目を選びます。**[カラー]**ではRGBカラーや特色を探すことができ、**[画像とオブジェクト]**では、縦横比の異なる拡大率を見つけることができます。変更を終えたら**[保存]**して**[OK]**でダイアログを閉じます。保存したプロファイルは、**[プリフライト]パネル**右上の**[プロファイル]**から選択できます。

▶ データを書き出す

入稿する前にデータに使用されている、リンク画像と、欧文フォントを1つのフォルダに収集します。

データを収集する

1 ドキュメントを「⌘(Ctrl)＋Sキー」で保存します。**[ファイル]メニュー**から**[パッケージ]**を選択します。

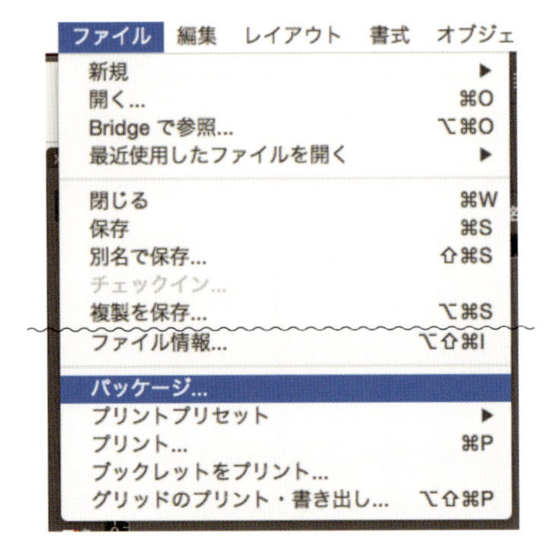

2 **[印刷の指示]**ダイアログで出力仕様書を記入し**[続行]**します。続いて表示されるパッケージのダイアログで、エラーがないかどうか確認します。エラーがあると、⚠アイコンが表示されます。その場合は**[キャンセル]**をクリックして、修正し不備を解決します。⚠アイコンが表示されなくなったら、**[パッケージ]**をクリックします。

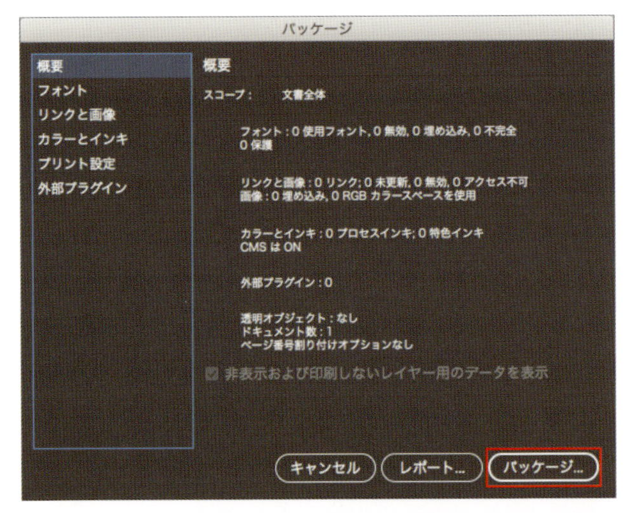

リンクと画像：180 リンク；0 未更新、1

問題の内容と、問題箇所の点数が一覧表示されます。**[リンクと画像]**の項目内に**[未更新 1]**となっています。このエラーはリンクの更新がされていない画像が1点ある、という意味になります。

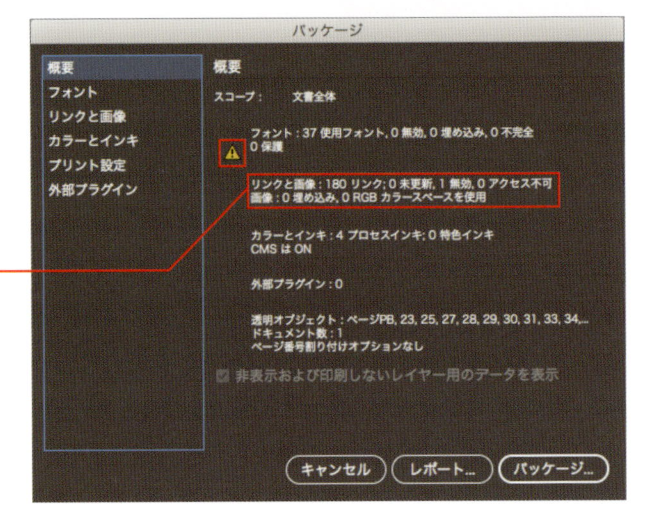

3 フォルダ名と保存先を決定し、オプションを必要に応じて選択します。**[保存]**をクリックするとフォントライセンスについて警告が出ます。**[OK]**をクリックすると、パッケージが始まります。IDMLやPDF形式を作成する場合や、リンク画像が多い場合は、パッケージが終了するまで時間がかかることがあります。

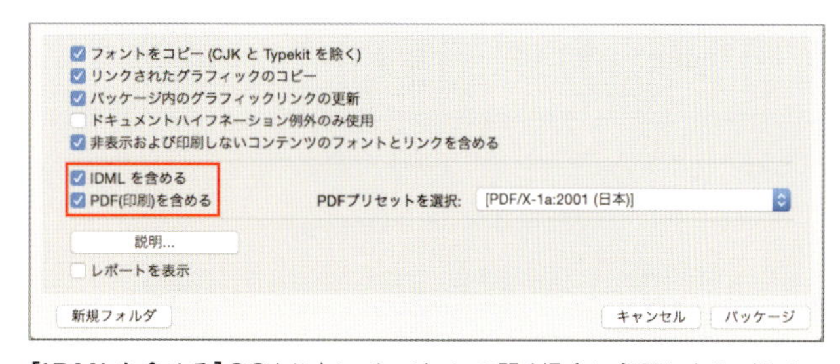

[IDMLを含める]CCより古いバージョンで開く場合に必要になる、旧バージョンInDesignとの互換ファイルをパッケージ内に同梱できます。
[PDF(印刷)を含める]指定したプリセットで書き出したPDFを、パッケージ内に同梱できます。印刷見本として添付します。

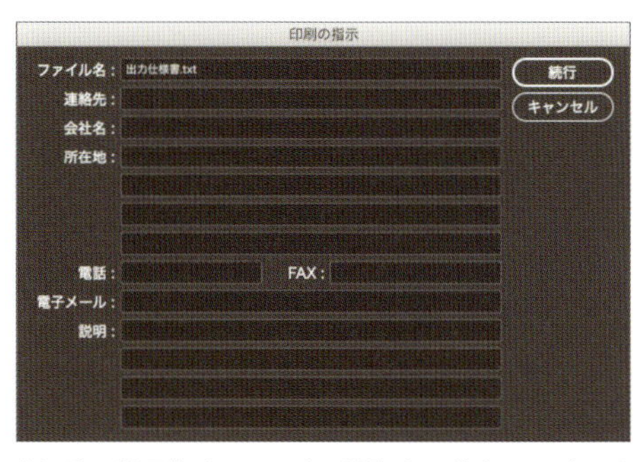

[印刷の指示]ダイアログで制作者の情報を入力します。この情報は、出力仕様書としてパッケージに同梱されます。

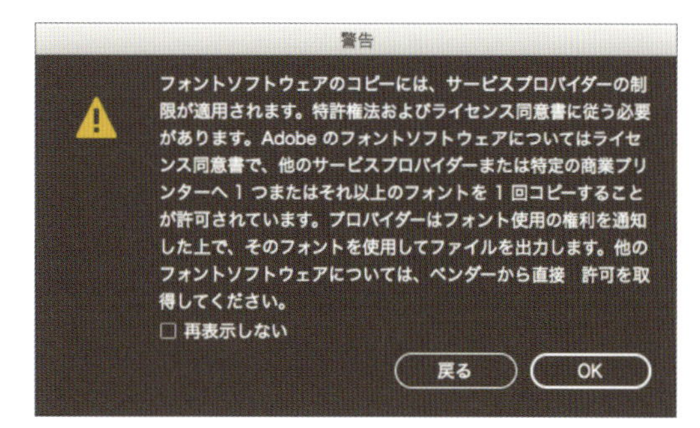

設定が終わると、フォントライセンスに関しての警告が出ます。確認して**[OK]**をクリックするとパッケージが開始されます。

パッケージファイルの内容

パッケージすると、Inddデータが複製され、リンク画像がLinksフォルダーに集められます。IDMLやPDFのデータもフォルダ内にまとめて収集されます。入稿時には、データの破損を防ぐため、パッケージフォルダーをZIPファイルなどに圧縮して渡すことが一般的です。パッケージ時に作成される「Document fonts」フォルダーには、Inddファイルで使われている欧文フォントをコピーしたものが入っています。パッケージデータの入稿先で使用フォントがパソコンにインストールされていなくても、フォントファイルから取り込むことができ、トラブルを防ぎます。パッケージされたフォルダは、下記のようになります。

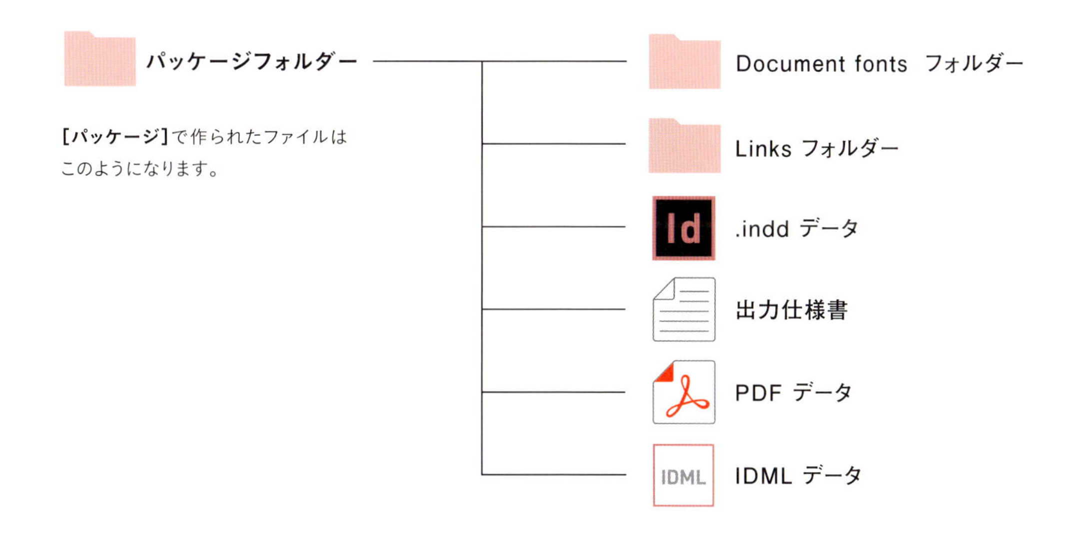

[パッケージ]で作られたファイルはこのようになります。

PDF入稿用のデータを作成する

データ入稿の１つに、PDF形式があります。印刷のトラブルを回避でき、スムーズに受け渡しが可能になります。

PDFプリセットを選ぶ

PDFは、フォントや画像を埋め込むことができるため、データの添付し忘れなどを防ぎます。また、パッケージデータよりも容量が軽くなり、アップロードの時間も短縮することができるメリットがあります。そのほかにも作業環境が異なっていても仕上がりを確認できます。InDesignにデフォルトで搭載されているプリセットは、さまざまな形式があるので、目的に応じて書き出しましょう。

PDF/X-1a	PDF入稿に使用します。フォントは埋め込まれ、画像も最適化されます。カラーモードはCMYKと特色のみ可能です。透明効果が不完全な場合があります
PDF/X-4	PDF入稿に使用します。RGBカラーモードが扱え、フォントの埋め込み、画像の最適化に加えて、透明効果の情報が保持できます
プレス品質	「高品質印刷」に設定が近いですが、印刷時の再現度をより高く保つ形式です
最小ファイルサイズ	データ容量が軽いため、Webでの表示やメールで送付などに適しています。フォントは埋め込まれず、画像は圧縮されます
雑誌広告送稿用	雑誌広告のデジタル送稿に適しています
高品質印刷	プリンタ出力に適しています。フォントは埋め込まれ、画質を最大限に保ちます

データを書き出す

1. **[ファイル]メニュー**から**[書き出し]→[形式：Adobe PDF(プリント)]**を選択して**[保存]**をクリックします。

2. ダイアログで、詳細を設定します。左側にある**[一般]**からⒶ**[書き出しプリセット]**で形式を選択します。Ⓑ**[ページ]**では、書き出すページ範囲と、見開きか片ページかを設定します。

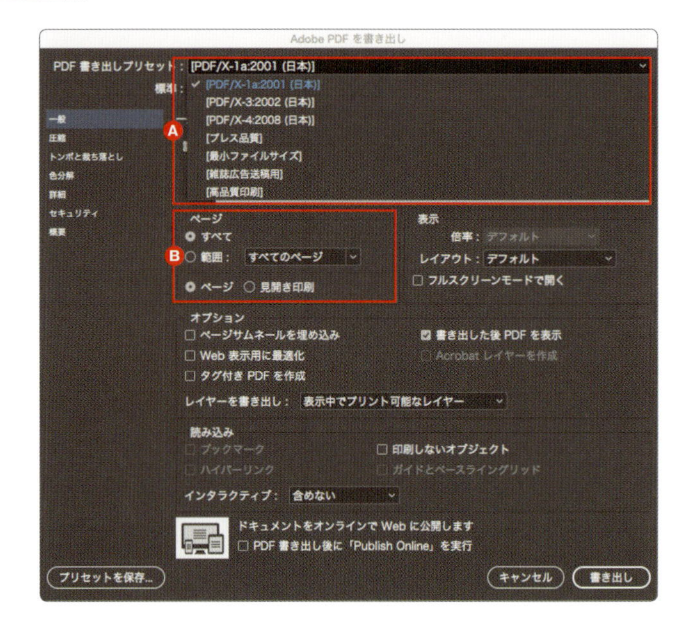

3 続いて、左側にある**[トンボと裁ち落とし]**でトンボの設定をします。**C[トンボとページ情報]**では、トンボの種類を選択します。**D[裁ち落としと印刷可能領域]**からは、ドキュメントの裁ち落としを設定します。**[ドキュメントの裁ち落とし設定を使用]**にチェックを入れることで、塗り足しを含むことが可能です。

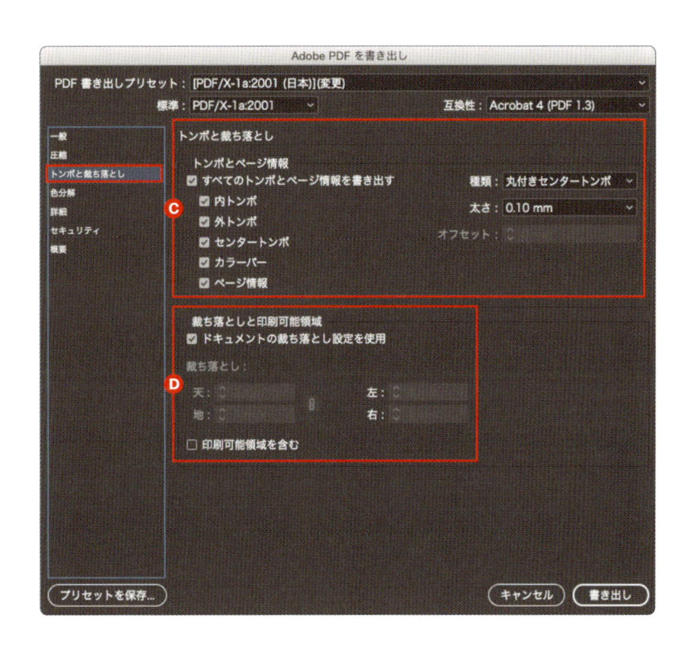

PDFに不備がないか確認する

Adobe Acrobatのプリフライトツールを使って、データの不備を確認できます。画像解像度、カラー設定情報、フォント、透明効果の情報、インキ総量などのエラーを解析します。

1 **[編集]メニュー**から**[プリフライト]**を選択します。上部中央のアイコンをクリックすると、目的別に問題を探せます。探したいものを選択したら、右下の**[解析]**をクリックします。

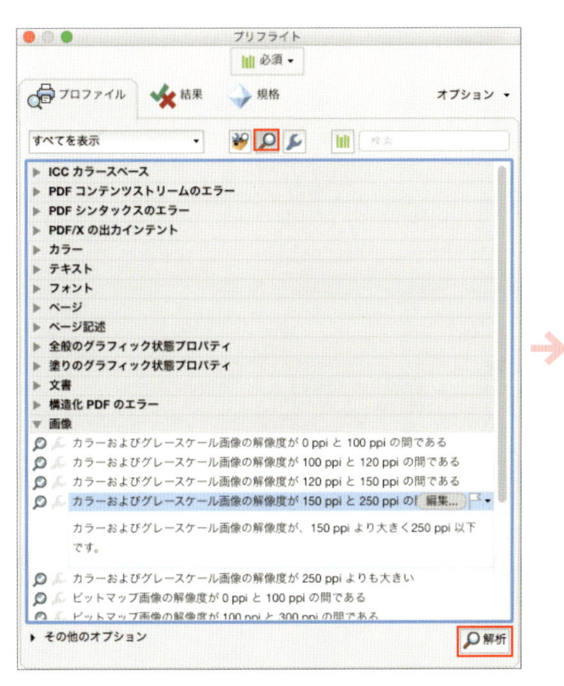

2 結果が表示されます。問題があったものには、「×」で詳細が記載されます。

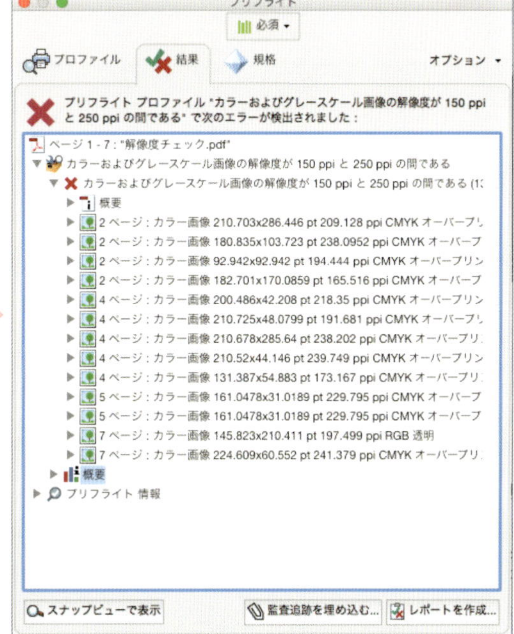

電子書籍データを作成する

近年、ますます普及が進んでいる電子書籍。作成するサービスやソフトも、数多く存在するようになりました。InDesignで電子書籍用ファイルを作成してみましょう。

電子書籍の形式について

主に電子書籍の形式は、「固定形式」と「リフロー形式」の2つに分けることができます。

固定形式

閲覧する端末の画面サイズに合わせて全体を縮小し、レイアウトを保持したまま表示する形式です。ただし、文字も縮小されてしまうため、小説など文字のレイアウトには不向きです。写真集や雑誌などビジュアルを重視したレイアウトに向いています。

リフロー形式

閲覧する端末の画面サイズによって1行あたりの文字数を増減させて表示する形式です。複雑なレイアウトでは表示がくずれてしまうため、注意が必要です。小説など文字が中心のレイアウトに適しています。

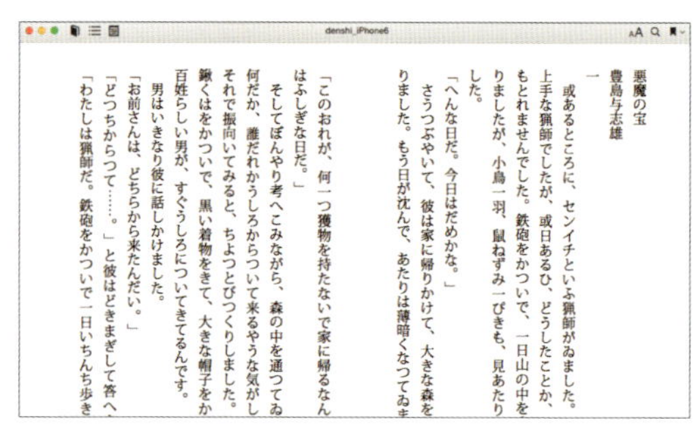

主なフォーマット形式について

「.book」や「PDF」などさまざまなフォーマット形式がある中「EPUB(イーパブ)」形式がもっとも推奨されています。

形式	表示	特徴
EPUB	リフロー 固定	XMLを土台としているので、どのブラウザにも対応しています。ユーザーがデバイスに合わせて自由に文字の大きさを調節でき、スマートフォンの小さな画面でも閲覧でき、アプリによっては、目次、ハイライト表示、しおり、単語の辞書検索、などの拡張機能が使用できます
PDF	固定	画像や図表の配置も可能であるため、通販カタログや家電の取扱説明書などをPDF化したものが電子版としてWebサイトで配布されることもよくあります。目次の設定など、書籍の表示に最適化されたEPUBの機能は使うことができません
.book	リフロー	日本語の組版に優れており、本をめくるようなエフェクトも実装するなど、電子書籍の基礎を作ってきた形式です

[固定形式]で書き出す

※バージョンEPUB2.0.1(リフロー形式のみ)
EPUB3.0で書き出し可能

1 電子書籍用に変換したいファイルを開き、**[ファイル]メニュー**から**[ドキュメント設定]**→**[ドキュメントプロファイル]**を**[Web]**または**[モバイル]**に切り替えます。このとき、**[プリント]**設定時の幅と高さの数値をメモしておきましょう。

2 電子書籍のファイルはpx単位で変動します。**[ドキュメントサイズ]**に1でメモした数値を「●mm」と単位まで入力しましょう。mm→pxに自動で変換され、サイズが整います。このドキュメント設定の変更により、スウォッチが全てRGBになります。なお、電子書籍でのみ使用するデータの場合は、新規ドキュメントの作成時にあらかじめ**[Web]**または**[モバイル]**に設定しておきましょう。

3 **[ファイル]メニュー**から**[書き出し]**→**[EPUBファイル(固定レイアウト)]**を選択します。

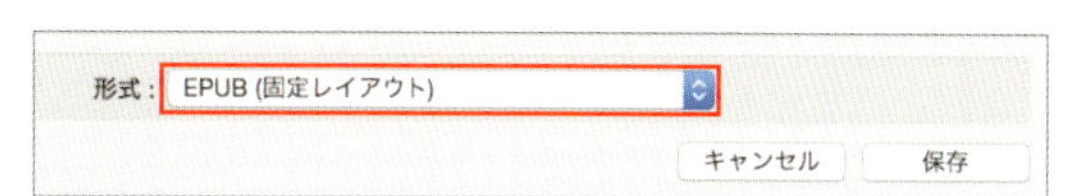

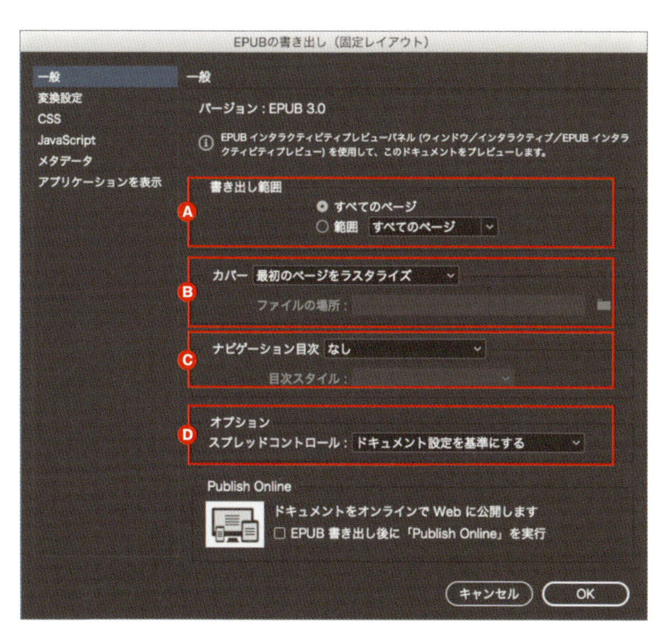

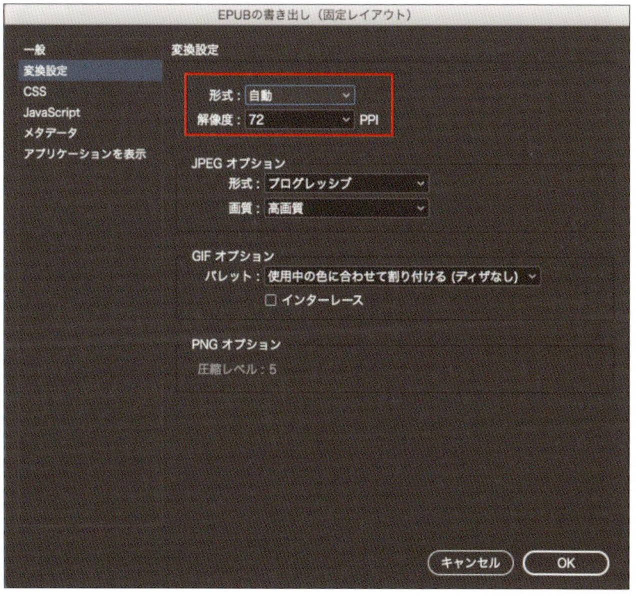

4 書き出しのオプションを選択します。

A [書き出し範囲]
書き出したい部分を指定します。

B [カバー]
[最初のページをラスタライズ(画像化)]または**[画像を選択]**を選びます。

C [ナビゲーション目次]
目次が必要であれば**[あり]**
不要なら**[なし]**

D [スプレッドコントロール]
見開きでめくる仕様の場合は、**[合成スプレッドを有効にする]**、単ページ仕様であれば**[スプレッドを無効にする]**

※**[合成スプレッドを有効にする]**場合は、扉(片ページ)から始まることが必須です。新規作成時の**[見開きページ]**のチェックは外しておきましょう。

5 解像度を選択します。基本的に、**[72PPI]**または**[96PPI]**でオペレーティングシステムの標準化領域とされていますが、モバイルデバイスは132〜300と範囲が異なります。目的に合わせて、適したものを選択しましょう。

[リフロー形式]で書き出す

1. **[新規ドキュメント]**で**[Web]**もしくは**[モバイル]**を選択し、**[プライマリテキストフレーム]**にチェックを入れます。**[マージン・段組]**でデザインのイメージに合わせたマージンを適宜つくります。後で変更できるので初期状態でも問題ありません。

2. 原稿を流し込みます。プライマリテキストフレームによって、最初からテキストフレームが作成された状態です。フレームをワンクリックするだけで文章の流し込みができ、あふれた分は自動的にページが増え文字が送られます。

3. 目次を作成します。目次に表示したい章タイトルなどに段落スタイルを適応させます。全ての章タイトルに段落スタイルを適応させたら、**[レイアウト]メニュー**から**[目次スタイル]**→**[デフォルト]**を選択して**[編集]**します。**[その他のスタイル]**の**[目次]**を選び、**[追加]**をクリックします。左側の**[段落スタイルを含む]**内に**[目次]**が追加されたのを確認して、**[OK]**をクリックします。

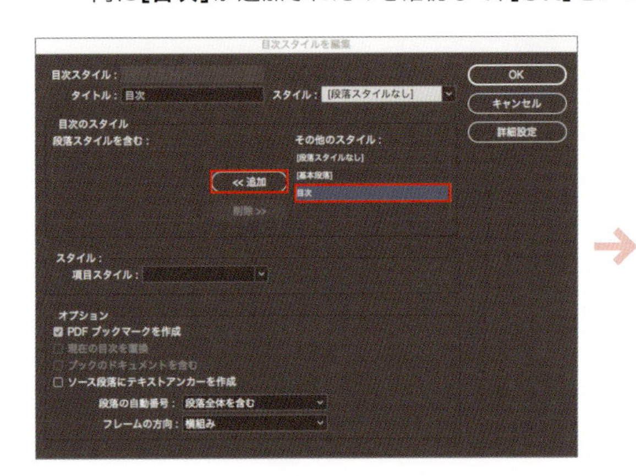

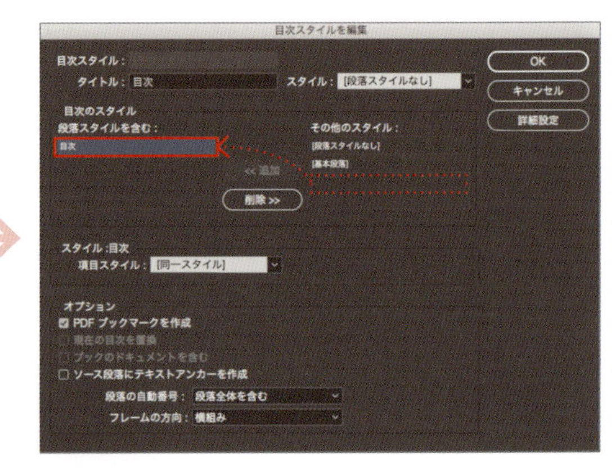

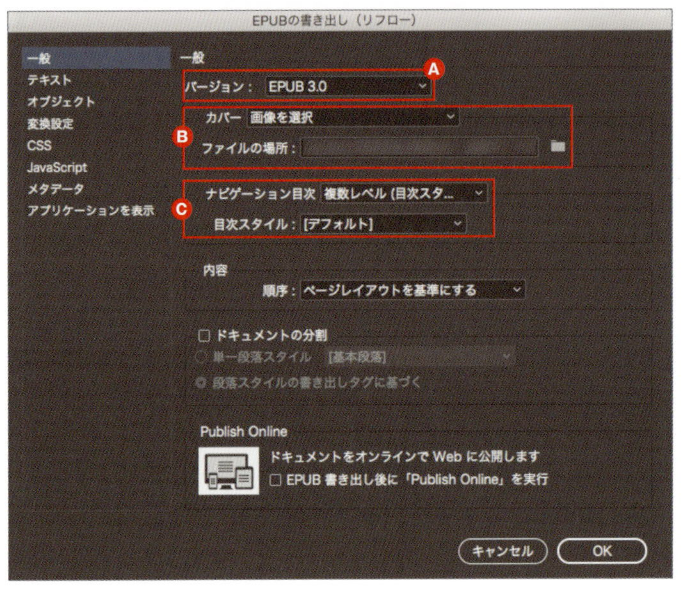

4. **[ファイル]メニュー**から**[書き出し]**→**[EPUBファイル(リフロー可能)]**を選択します。オプションでバージョン、カバー、目次を設定しましょう。

A[バージョン]は**[EPUB3.0]**を選択します。

B[カバー]でアイコンをクリックし画像を選択します。PNGまたはJPGのみ使用可能です。

C[ナビゲーション目次]は**[複数レベル(文字スタイル)]**、続いて**[目次スタイル：デフォルト]**を選択します。

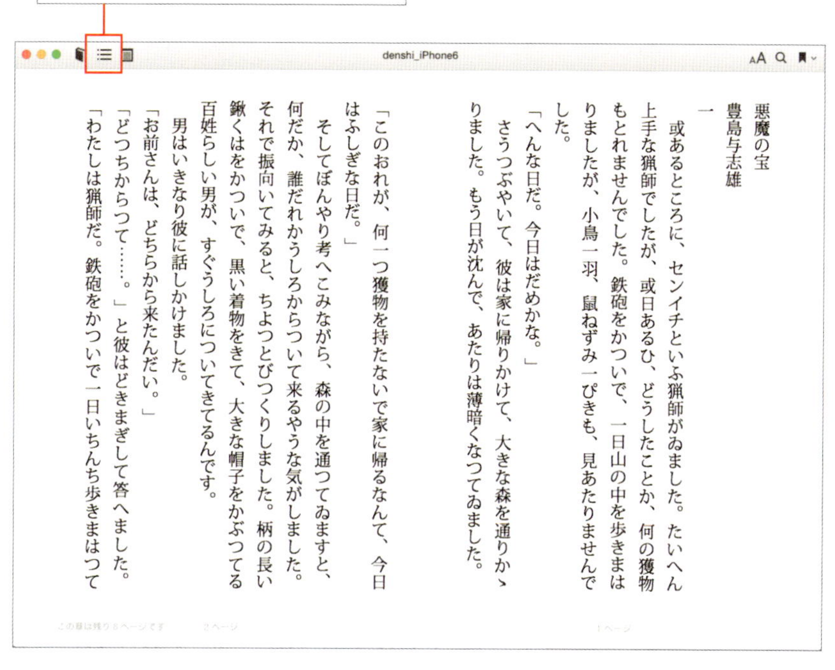

「iBooks」でプレビューした状態です。目次が設定されることで、簡単に目当ての章へジャンプできます。リフロー形式で書き出すと、InDesignで定めた文字サイズを基準に、端末の大きさに合わせて行の長さが調節されます。小説など文字ベースの電子書籍化に最適です。

CHECK LIST

EPUB変換前にチェック!

書き出し前

☑ **True Type と OpenType 以外のフォントはアウトライン化しているか**

埋め込まずに書き出してしまうと、数字などの形が崩れてしまいます。また、合成フォントもチェックしておきましょう。

☑ **配置ファイルを RGB に変換したか**

CMYKファイルはスマートフォンやタブレットのモニターでは正しく色味が表示されない場合があります。あらかじめ、Photoshopなどで RGBの画像に変換し、仕上がりイメージの色味に近づけましょう。

書き出し後

☑ **ルビ・縦中横・欧文回転・文章中のアンカーオブジェクト・文字詰めが正しく表示されているか**

ルビの位置がずれたり、回転を設定した数字などが回転されてしまったりしていないか、再度確認しましょう。

☑ **[正規表現スタイル] が適応されているか**

[段落スタイル]で設定した[正規表現スタイル]の機能が適応されていない場合があります。

【 Profile 】

ARENSKI（アレンスキー）

雑誌、書籍、カタログ、広告、ウェブなど、さまざまなジャンルのデザインに携わる。著書に『知りたいレイアウトデザイン』（技術評論社）がある。

http://www.arenski.co.jp

【 Staff 】

デザイン：滝本理恵、横坂恵理香（ARENSKI）

Special Thanks：にほへ、渡部美和

迷わず進める

InDesignの道しるべ

2018年4月13日　初版第1刷発行

［編　集］　ARENSKI
［発行人］　上原哲郎
［発行所］　株式会社ビー・エヌ・エヌ新社
〒150-0022　渋谷区恵比寿南一丁目20番6号
fax：03-5725-1511　e-mail：info@bnn.co.jp
www.bnn.co.jp
［印刷・製本］シナノ印刷株式会社

ISBN978-4-8025-1088-2
Printed in Japan